César Delnatte

Les plantes toxiques de Mayotte

César Delnatte

Les plantes toxiques de Mayotte
Une étude ethnobotanique

Presses Académiques Francophones

Impressum / Mentions légales
Bibliografische Information der Deutschen Nationalbibliothek: Die Deutsche Nationalbibliothek verzeichnet diese Publikation in der Deutschen Nationalbibliografie; detaillierte bibliografische Daten sind im Internet über http://dnb.d-nb.de abrufbar.
Alle in diesem Buch genannten Marken und Produktnamen unterliegen warenzeichen-, marken- oder patentrechtlichem Schutz bzw. sind Warenzeichen oder eingetragene Warenzeichen der jeweiligen Inhaber. Die Wiedergabe von Marken, Produktnamen, Gebrauchsnamen, Handelsnamen, Warenbezeichnungen u.s.w. in diesem Werk berechtigt auch ohne besondere Kennzeichnung nicht zu der Annahme, dass solche Namen im Sinne der Warenzeichen- und Markenschutzgesetzgebung als frei zu betrachten wären und daher von jedermann benutzt werden dürften.

Information bibliographique publiée par la Deutsche Nationalbibliothek: La Deutsche Nationalbibliothek inscrit cette publication à la Deutsche Nationalbibliografie; des données bibliographiques détaillées sont disponibles sur internet à l'adresse http://dnb.d-nb.de.
Toutes marques et noms de produits mentionnés dans ce livre demeurent sous la protection des marques, des marques déposées et des brevets, et sont des marques ou des marques déposées de leurs détenteurs respectifs. L'utilisation des marques, noms de produits, noms communs, noms commerciaux, descriptions de produits, etc, même sans qu'ils soient mentionnés de façon particulière dans ce livre ne signifie en aucune façon que ces noms peuvent être utilisés sans restriction à l'égard de la législation pour la protection des marques et des marques déposées et pourraient donc être utilisés par quiconque.

Coverbild / Photo de couverture: www.ingimage.com

Verlag / Editeur:
Presses Académiques Francophones
ist ein Imprint der / est une marque déposée de
OmniScriptum GmbH & Co. KG
Heinrich-Böcking-Str. 6-8, 66121 Saarbrücken, Deutschland / Allemagne
Email: info@presses-academiques.com

Herstellung: siehe letzte Seite /
Impression: voir la dernière page
ISBN: 978-3-8416-3010-0

Copyright / Droit d'auteur © 2014 OmniScriptum GmbH & Co. KG
Alle Rechte vorbehalten. / Tous droits réservés. Saarbrücken 2014

Il existe trois niveaux par lesquels l'anthropologue peut approcher la biodiversité chère aux naturalistes : le milieu tel qu'il existe [...], le milieu tel qu'il est pensé [...] et le milieu tel qu'il est utilisé.

Nature, Science et Société, 1998

Sommaire

Remerciements 7

Liste des sigles et abréviations utilisés 8

Introduction 9

Généralités sur Mayotte 10
    1. Localisation géographique et climat mahorais 10
        A - Les Comores 10
        B - Les îles de Mayotte 10
        C - Le climat mahorais 11
    2. La flore et la végétation 12
        A - Généralités sur la flore et la végétation 12
        B - La problématique des espèces allochtones 13
        C - Menaces et protection des espaces et des espèces 14
    3. Les populations vivant à Mayotte 15
        A - Migrations, invasions, colonisation et indépendance 15
        B - Linguistique 15
        C - Mutations de la population 16
    4. La médecine à Mayotte 17

Etude ethnobotanique à Mayotte 19
    1. Cadre de l'étude 19
    2. Pourquoi étudier les plantes toxiques de Mayotte ? 20
    3. Matériel et méthodes 21
        A - La bibliographie 21
        B - Liste des personnes ressources rencontrées 21
        C - Les herbiers 22
        D - Les dénominations en Shimaoré et en Shibushi 23

4. Une ethnologie du poison 24
   A - A Madagascar 25
   B - A Mayotte 25
      Notule sur les animaux vénimeux 28

La phytotoxicité 29
1. Quelques notions de toxicologie 29
2. Epidémiologie des toxines végétales 30
3. Les Centres antipoison et de toxicovigilance 31

Monographies de quelques plantes toxiques de Mayotte 33
1. Exemples d'espèces urticantes 35
   Araceae : *Typhonodorum lindleyanum* Schott 35
   Euphorbiaceae : *Tragia furialis* Bojer 36
   Fabaceae : *Mucuna pruriens* (L.) DC. var. *pruriens* 37
   Poaceae : *Dendrocalamus giganteus* Munro 38
2. Exemples d'espèces hématotoxiques 39
   Euphorbiaceae : *Ricinus communis* L. 39
   Fabaceae : *Abrus precatorius* L. sub. *africanus* Decne. 40
3. Exemple d'espèces neurotoxiques 41
   Euphorbiaceae : *Manihot esculenta* Crantz 41
   Campanulaceae : *Hippobroma longiflora* (L.) G.Don. 42
4. Exemple d'espèces hépatotoxiques 43
   Euphorbiaceae : *Jatropha curcas* L. 43
   Fabaceae : *Crotalaria retusa* L. 44
5. Exemple d'espèces néphrotoxiques 45
   Oxalidaceae : *Averrhoa carambola* L. 45
   Oxalidaceae : *Averrhoa bilimbi* L. 46
6. Exemple d'espèces cardiotoxiques 47
   Apocynaceae : *Thevetia peruviana* K.Schum. 47
   Solanaceae : *Solanum nigrum* L. 48

Conclusion 49

Bibliographie 50

Annexe 1 : Les différentes voies d'exposition à une toxine 56

Annexe 2 : Grandes familles de principes actifs toxiques 57

Annexe 3 : Liste des herbiers collectés (Collection Delnatte C. *et al.*) 58

Annexe 4 : Les centres antipoison et toxicovigilance 61

Annexe 5 : Liste des espèces toxiques recensées 62

Remerciements

Je tiens à remercier en premier lieu le corps professoral de la faculté de pharmacie de Lille et principalement le professeur Dupont, madame Céline Rivière, monsieur Gabriel Lefèvre et madame Sophie Estampes.

Je tiens également à remercier toute l'équipe de l'antenne de Mayotte du Conservatoire Botanique National de Mascarin : Guillaume Viscardi, mon tuteur pour cette étude, pour le temps qu'il m'a accordé ainsi que pour tous les commentaires et informations qui ont permis à ce manuscrit de voir le jour. Je n'oublie pas Valérie Guiot et Benoit Duperron, les autres membres de l'antenne.

Mes sincères gratitudes à toutes les personnes qui se sont montrées disponibles pour faire progresser cette étude : fundis, fonctionnaires, enseignants, médecins, pharmaciens, infirmiers, vendeuses sur les marchés...

Je remercie le peuple mahorais pour son accueil chaleureux « Karibou », des mamas brochetti aux plongeurs.

Je remercie Anny Limas d'Aquarius Underwater pour l'autorisation de diffusion de sa photographie d'*Acanthaster planci*.

Enfin, last but not least, à Marjorie, mon remède à tous maux et infatigable organisatrice qui me permet de vivre pleinement ma passion botanique.

Liste des sigles et abréviations utilisés

APG : Angiosperm Phylogeny Group

BNCI : Base nationale des cas d'intoxication

BNDT : Base nationale de documentation toxicologique

BNPC : Base nationale des produits et compositions

CAP : Centre antipoison

CAPTV : Centre antipoison et toxicovigilance

CCTV : Comité de coordination de toxicovigilance

CNITV : Centre National d'Informations Toxicologiques Vétérinaires

CTV : Centre de toxicovigilance

CHM : Centre hospitalier de Mamoudzou

HPST : Hôpital, patients, santé et territoires

NPDS : National Poison Data System

PLARM : Plantes aromatiques et médicinales

SICAP : Système d'information des centres antipoison

Introduction

Dans la nature, on trouve des substances toxiques dans plusieurs des règnes dessinés par la systématique naturaliste : Minéraux, animaux, végétaux et champignons. Celles d'origine minérale sont moins utilisées que les trois autres, probablement parce ce qu'elles sont moins directement accessibles ou font intervenir des transformations chimiques ou alchimiques (Boujot, 2003).

L'étude des plantes toxiques est un domaine d'étude transversal à la croisée de la chimie, des sciences médicales, et de la botanique. Sans prendre en compte les champignons (exclus du règne végétal depuis le milieu du XX° siècle), chez l'homme, les intoxications végétales sont plus rares que chez l'animal domestique (Jean-Blain & Grisvard, 1973). En effet, elles représentent, en moyenne, en France, près de 5% des cas recensés dans les centres antipoison et de toxicovigilance (CAPTV) contre 15% des cas recensés au Centre National d'Informations Toxicologiques Vétérinaires (CNITV).

Dans cet ouvrage, l'énumération des plantes présentes à Mayotte pouvant présenter un danger, ne prétend pas être exhaustive. L'objectif de cette modeste contribution est de permettre une première approche à ceux que le sujet intéresse, comme un outil de connaissance et d'aide à la décision. Deux mois d'enquête ne sont en effet pas suffisants pour arriver à dresser une liste exhaustive. Des études complémentaires, notamment en chimie, seraient nécessaires pour étudier les propriétés pharmacologiques, insecticides et fongiques des essences mahoraises.

Les professionnels de santé sont les premiers concernés par les intoxications par les plantes et seront les plus intéressés. Cependant, les randonneurs, botanistes et amateurs d'expérimentations culinaires pourront trouver dans ce livre des plantes qu'il faut connaître afin de se préserver de leurs méfaits. Enfin, pour les tradipraticiens, les connaître leur permettra de les utiliser à bon escient.

Cette étude a un objectif de prévention des risques liés à une intoxication suite au contact ou a l'ingestion d'une plante toxique. L'auteur se dégage de toute mauvaise utilisation qu'il pourrait être fait des informations contenues dans les lignes qui suivent ou pour paraphraser Pietro d'Abano[1], « pour ne pas ajouter du venin à la vipère ».

---

[1] Pietro d'Abano : *Liber de venenis*. Traité de toxicologie médiévale traduit en français en 1402 par le frère Philippe Oger, à la demande de Jean Lemaingre, maréchal de Charles VI.

Généralités sur Mayotte

1. Localisation géographique et climat mahorais

A - Les Comores

Situé à l'extrémité septentrionale du canal du Mozambique, l'archipel des Comores se situe à mi-chemin entre la côte orientale de Madagascar et la côte est-africaine. C'est seulement à partir du XVIème siècle que les occidentaux voient apparaître cet archipel sur leurs cartes (Martin, 1983).
L'archipel est constitué de quatre îles principales, du nord au sud, Grande Comore, Mohéli, Anjouan et Mayotte. La genèse de l'archipel est le produit entre l'activité du point chaud comorien avec des phases tectoniques associées au rift est-africain (Debeuf, 2004).

B - Les îles de Mayotte

Mayotte est située à 300 km au nord-ouest de la côte malgache, à 450 km du continent africain et à 1500 km de La Réunion, l'autre entité française de l'Océan Indien. Mayotte est localisée entre les parallèles 12°34' et 13°04' de latitude sud et les méridiens 42°43' et 43°03' de longitude est.
D'une superficie de 374 km², Mayotte est composée de deux îles principales, Grande Terre (363 km²) et Petite Terre (11 km²), ainsi qu'une trentaine d'îlots d'origine volcanique ou corallienne épars dans le lagon avoisinant une superficie de 1100 km². L'île de Grande Terre est traversée dans toute sa longueur par une chaîne de montagne dont les points culminants sont le mont Bénara (660 m) dans sa partie centrale et le mont Choungui (594 m), dans sa partie australe.

Née il y a environ 7,7 ±1 millions d'années (Debeuf, 2004), Mayotte est la plus ancienne des îles de l'archipel. Sa configuration actuelle est le résultat de 3 phases successives d'activités éruptives entre 15 et 0,5 millions d'années. La première, désignée sous le nom de Choungui, concerne l'ensemble de l'île. Les deux suivantes, désignées sous les noms Acoua et M'tsapéré sont concentrées respectivement sur le nord-ouest et l'est de la Grande Terre (Debeuf, 2004).

Suite à sa départementalisation, le 31 mars 2011, Mayotte accède à un nouveau statut impliquant un alignement de son système juridique et réglementaire vers le droit commun français. Par exemple, plusieurs régimes du droit foncier résultant du droit civil et du droit coutumier coexistent à Mayotte.

C - Le climat mahorais

De par sa situation géographique, Mayotte est soumise à un climat tropical humide maritime insulaire. Deux saisons se succèdent, l'une chaude et pluvieuse, l'autre fraîche et sèche, séparées par deux intersaisons plus brèves.
L'été austral, localement appelé *kashkasini*, s'étale de décembre à mars. C'est la saison cyclonique caractérisée par un vent de mousson. Le maximum de pluviosité est atteint en janvier-février. Les reliefs jouent un rôle dans la répartition de la pluviométrie, c'est ainsi que les précipitations sont plus abondantes dans le nord-ouest (1500-2000 mm/an) que dans le nord-est (1000-1500 mm/an). L'humidité avoisine les 85% et culminent à 95% durant la nuit. Pendant l'été austral, la température moyenne est de 27,4°C, avec des maximales atteignant les 32°C et des minimales nocturnes descendant à 21°C.
Les deux derniers événements cycloniques ont eu lieu en 1984 et en 1987.

L'hiver austral, appelé *kussini*, s'étale sur les mois de juin à septembre. Pendant cette période, à cause de l'anticyclone des Mascareignes et de l'effet de barrière pluviométrique joué par Madagascar, il est commun que la pluie ne tombe pas pendant plusieurs mois successifs. Pendant l'hiver austral, sous l'effet des alizés du sud-est, la température moyenne est de 24,7°C mais les températures minimales peuvent atteindre 10°C.

L'intersaison d'avril à mai, est appelée *matulahi*. C'est la période où la Zone Intertropicale de Convergence (ZIC ou ZCIT), point de rencontre d'une masse d'air fraîche et sèche et d'une autre chaude et humide, remonte vers le nord. Laissant la place aux vents du sud-est, plus frais et plus secs. La ZIC oscille entre les latitudes 15°N et 20°S (Lapègue, 1999).
La deuxième intersaison, appelée *m'gnombéni*, s'étend sur les mois d'octobre et novembre. C'est la période où la ZIC migre au sud, les températures remontent et l'air se charge à nouveau d'humidité.

Figure 1 : Vue depuis le sommet du mont Choungui (594 m)

2. La flore et la végétation

A - Généralités sur la flore et la végétation

Cette région du globe est considérée comme un des 25 points chauds de biodiversité (Myers *et al.*, 2000) et une des 238 écorégions du World wide fund for nature (WWF).

L'ensemble de la flore comorienne est estimé à environ 2000 espèces (Adjanohoun *et al.*, 1992). Ce chiffre, déjà vieux de dix ans, est une sous-estimation. En effet, il y a une sous-prospection des botanistes taxinomistes dans les Comores. Par ailleurs des taxons sont régulièrement publiés. C'est ainsi, qu'entre 1953 et 1976, plus de 8100 espèces ont été décrites d'Afrique et de Madagascar (Lebrun, 2005).
A ce jour, à Mayotte, on dénombre 1243 taxons de plantes vasculaires et 94 bryophytes (sensu-largo), dont environ 681 (soit 54%) sont indigènes (Barthelat *et al.*, 2006 ; Barthelat et Viscardi, 2012). Cette diversité floristique est caractérisée par un nombre élevé de familles (103), dont les trois principales sont les Fabaceae, les Euphorbiaceae et les Rubiaceae (Pascal *et al.*, 2001).
Le taux d'espèces endémiques de l'île est relativement faible, de l'ordre de 7% (48 espèces). Il s'élève cependant à 11% (74 espèces) si l'on considère l'endémisme à l'échelle de l'archipel comorien (Barthelat et Viscardi, 2012).

Près de 80% de la flore est commune avec Madagascar et l'Afrique. Par ailleurs, les espèces d'origine malgache sont trois fois plus nombreuses (26%) que celles d'origine africaine (8%) (Pascal *et al.*, 2001). La forêt humide est dominée par une composition d'espèces malgaches alors que la forêt sèche a essentiellement une origine africaine (Pascal *et al.*, 2001).

L'étagement de la végétation se fait en fonction de l'altitude en fonction de laquelle évoluent températures, humidité et l'exposition aux vents dominants en saison humide et sèche. Cet étagement diffère pour chacune des régions au vent (au nord-ouest du Bénara) et sous le vent (au sud et à l'est du Bénara), déterminées par les régimes pluviométriques et les vents dominants (Boullet, 2005).

Parce qu'attirant moins de naturalistes que sa voisine Madagascar, l'année 2010 a vu le premier inventaire fongique de l'île. Celui-ci a permis de recenser 235 espèces de champignons dont 26 espèces de myxomycètes, 22 ascomycètes et 187 basidiomycètes (Buyck *et al.*, 2010).

B - La problématique des espèces allochtones

De même qu'à l'échelle mondiale, l'île de Mayotte est menacée par les espèces exotiques. En effet, les invasions biologiques sont reconnues comme étant l'une des causes majeures de perte de biodiversité (Cronk & Fuller, 1995). Cette menace est d'autant plus grande avec le caractère insulaire du territoire où la vulnérabilité est plus importante (Delnatte, 2003 ; Delnatte et Meyer, 2012).

Une grande part de cette flore exotique a été introduite dans un but agricole. C'est ainsi que l'on retrouve de nombreuses espèces originaires d'Asie ou d'Amérique tropicale : l'avocatier (*Persea americana*, Lauraceae), le papayer (*Carica papaya*, Caricaceae), le manioc (*Manihot esculenta*, Euphorbiaceae), le goyavier (*Psidium guajava*, Myrtaceae), le piment (*Capsicum sp.*, Solanaceae), le cacaoyer (*Theobroma cacao*, Sterculiaceae), le manguier (*Mangifera indica*, Anacardiaceae)...

Par ailleurs, bien que Mayotte soit connue comme étant l'île aux parfums, on peut noter que plusieurs espèces utilisées dans les industries cosmétique et agro-alimentaire sont également allochtones : l'Ylang-ylang (*Cananga odorata*, Annonaceae), le muscadier (*Myristica fragrans*, Myristicaceae), le giroflier (*Eugenia caryophyllata*, Myrtaceae), la vanille (*Vanilla planifolia*, Orchidaceae) ou encore le cannelier (*Cinnamomum verum*, Lauraceae). Enfin, d'autres espèces ont été plantées dans un but d'exploitation forestière : le mahogany (*Swietenia macrophylla*, Meliaceae) ou le teck (*Tectona grandis*, Verbenaceae).

La crainte de l'antenne mahoraise du Conservatoire Botanique National des Mascareignes (CBNM) est de voire se développer les introductions dans un but ornemental (Viscardi, com. pers., 2012). En effet, on trouve déjà de nombreuses espèces allochtones ornementales alors que certaines sont connues comme étant des pestes végétales dans plusieurs régions du monde : *Rhoeo spathacea* (Commelinaceae), *Lantana camara* (Verbenaceae), *Spathodea campanulata* (Bignoniaceae) ou plus généralement des familles telles que les Acanthaceae ou encore les palmiers (Meyer *et al.*, 2008).

Figure 2 : *Euphorbia milii* Des Moul.

C - Menaces et protection des espaces et des espèces

Les principales atteintes à l'environnement naturel datent de la deuxième moitié du XIX° siècle avec l'intensification des activités agricoles coloniales. C'est ainsi que la végétation naturelle n'occupait déjà plus que 5% du territoire en 2007 (Barthelat et Viscardi, 2007), comprenant 673 hectares de forêts humides, 85 hectares de forêts sèches de transition et 360 hectares de forêts et fourrés secs (Hallé, 2008).

Avec l'augmentation de la population et des besoins alimentaires, on assiste à une progression des cultures sur pente et dans les zones humides, mais également à une réduction des temps de jachère (UICN, 2012). L'agroforesterie, alliant agriculture et pastoralisme sous couvert arboré est relativement peu pratiquée sur l'île (Durasnel L., com. pers. 2012). Elle constituerait pourtant une bonne alternative agricole à la culture sur brûlis et au surpâturage. Par ailleurs, cette technique permettrait de protéger les sols de l'érosion et de la formation de padzas.

A ce jour, 6 réserves forestières couvrent 5500 hectares, soit 15% de la superficie de l'île (Barthelat et Viscardi, 2012). Elles concernent essentiellement des forêts humides et mésophiles. Des zones sèches et littorales sont également protégées par les acquisitions du Conservatoire du Littoral ainsi que par la Réserve Naturelle Nationale de l'îlot M'Bouzi.

Sur les 1243 taxons, 48 sont strictement endémiques, ce qui représente 7% de la flore native. L'analyse de ces espèces souligne que 38 sont menacées à des degrés divers et 14 sont en danger critique d'extinction avec des cotations CR B1 et CR B2[2] selon les critères de liste rouge de l'Union Internationale de Conservation de la Nature (Barthelat et Viscardi, 2012).
Le taux d'espèces endémiques de l'île est relativement faible, de l'ordre de 7% (48 espèces). Il s'élève cependant à 11% (74 espèces) si l'on considère l'endémisme à l'échelle de l'archipel comorien (Barthelat et Viscardi, 2012).

---

[2] Un taxon est considéré comme faisant face à un risque extrêmement élevé d'extinction dans la nature (*Critically Endangered* - CR) quand les preuves disponibles indiquent qu'il respecte n'importe lequel des critères classés de A à E. Les critères B concernent la répartition géographique. Pour la catégorie B1, la zone d'occurrence est évaluée à moins de 100 km². Pour la catégorie B2, la zone d'occurance évaluée à moins de 10 km².

3. Les populations vivant à Mayotte

A - Migrations, invasions, colonisation et indépendance

Par sa situation géographique, Mayotte est un carrefour de rencontres, de civilisations et de brassages des populations. La proximité de la Grande Ile justifie la présence de populations malgaches.
D'après les résultats de fouilles archéologiques, les traces des premières populations, les Anyaloatres, Bantous venus d'Afrique remonteraient au VIIIème siècle (Allibert, 1984). D'importants échanges se développent alors et jusqu'au XVIIème siècle avec la côte est-africaine, Madagascar, le golfe Arabo-persique et l'Inde.

Les premiers Européens, d'origine portugaise, à la recherche de nouvelles routes vers l'Inde, découvriront l'archipel des Comores au XVème siècle. La présence française débutera en 1841 avec le sultan Andriantsouli.
Territoire français d'Outre-mer de 1946 à 1975, suite au référendum de 1974 dans les Comores, Mayotte devient Collectivité Territoriale française en 1976. Suite au référendum de 2000, en 2001, elle devient une collectivité départementale, statut transitoire avant sa départementalisation.

Depuis 1995, la population mahoraise a été multipliée par 3 et depuis 2007, elle a augmente à un rythme moyen de 2,7% par an. Les moins de 20 ans représentent 53 % de la population totale.
La population a atteint 212 600 habitants en août 2012, se qui représente une densité de 570 habitants au km² (INSEE, 2012). La population est essentiellement concentrée autour de Mamoudzou, chef lieu de l'île et qui absorbe plus de 58 000 habitants.
La part de la population étrangère au recensement de juillet 2007 s'élevait à 75 000 personnes soit 40,7% de la population dont près d'un tiers (23 000 personnes) est d'origine comorienne (INSEE, 2009). La proximité géographique et les liens historiques et culturels qui relient Mayotte aux Comores sont à l'origine de leur forte présence sur l'île.

B - Linguistique

Le français est langue officielle, il y a une quinzaine d'années, il était parlé par moins de 60% de la population (Toulet, 1998). Sa diffusion est en progression surtout grâce à la scolarisation et l'urbanisation croissante. Cependant, en dehors des administrations, la langue officielle est souvent délaissée pour les deux dialectes locaux : le shimoré et le shibushi.

Pour les linguistes, les langues comoriennes sont d'origine arabo-shirazo-bantou et sont dérivées du swahili. Elles se divisent en quatre langues distinctes propres à chacune des quatre îles des Comores. Ainsi, à Grande Comore, on parle le shingazidja ; à Mohéli, on parle le shimwali ; à Anjouan, on parle le shindzuani et à Mayotte, on parle le shimaoré (Pascal, 2002).

Le Shibushi, dialecte originaire de l'est de Madagascar, issu du système linguistique malayo-polynésien, est propre à Mayotte. Il est parlé par environ 5% de la population est n'est pratiqué que dans certains villages de l'ouest et du sud de Grande Terre.

C - Mutations de la population

Matrilocalité et matrilinéarité sont les deux caractéristiques structurantes apportées par les populations africaines originelles. La conversion à l'Islam a compliqué cette organisation sociale en lui additionnant d'autres institutions comme la prééminence masculine dans la politique et la religion mais également avec la polygamie (Hory, 2003). Une autre base structurelle de l'organisation de la société réside dans le principe de séniorité, c'est-à-dire la prépondérance de la place de l'aîné (Ahamadi, 2011).
Cependant, l'affaiblissement des structures familiales, l'exode rural des mahorais et les migrations clandestines opèrent des mutations au sein des structures traditionnelles (Sissoko *et al.*, 2002).

Figure 3 : Jeunes filles avec le msindzano (masque de beauté)

4. La médecine à Mayotte

Dans les croyances comoriennes, les causes des maladies ont trois origines possibles (Vidal, 1986) :
- les maladies naturelles, causées par les dieux,
- les maladies issues de la sorcellerie, causées par les hommes,
- les maladies issues de la possession, causées par les esprits.

Pour les deux premières causes et suivant les classes d'âge, l'itinéraire thérapeutique des patients passe encore souvent par les tradipraticiens. En effet, les adolescents et les jeunes adultes délaissent les soins par les tradipraticiens pour ceux de la médecine conventionnelle.

On assiste néanmoins à une prise en charge tardive par le système de santé conventionnel (Sissoko *et al.*, 2002). Celui s'articule autour du Centre hospitalier de Mayotte (CHM), dix neuf dispensaires ainsi que quinze points de consultation. Notons que depuis 2001, un Institut de Formation aux Soins Infirmiers est présent sur le sol mahorais.

Afin de lutter contre les différentes maladies, il y a plusieurs types de thérapeutes aux Comores (Blanchy *et al.*, 1993) :
- Le *mgangi* qui manipule les forces occultes pour faire le mal.
- Le *mwalimu* qui désigne un maître coranique versé dans la divination.
- Le *mwelevu* qui désigne un homme de religion sage et clairvoyant.
- Le *fundi*, autre mot pour désigner celui qui détient un savoir ou un savoir-faire et qui l'enseigne. Les *fundis* versés dans la connaissance de la pharmacopée traditionnelle par les végétaux sont appelés *fundis* des plantes

Les fundis mahorais sont de moins en moins nombreux. Il nous a été signalé que certains *fundis* sont originaire de Madagascar et qu'ils utilisent dans leurs remèdes des plantes étrangères à Mayotte. Il est apparu que dans le domaine des plantes, les femmes ont une connaissance globalement plus étendue que les hommes.

Selon nos enquêtes, cette connaissance des plantes est issue des parents avec une transmission orale et une observation répétitive des savoirs des anciens.

Les fundis ne font pas de publicité et certains craignent la justice pour « pratique illégale de la médecine ».

Il semble que les personnes qui consultent le plus les *fundis* homme sont les hommes pour des problèmes d'ordre sexuel. Les patients qui consultent le plus les *fundis* femme sont des femmes pour leurs propres problèmes de santé ainsi que pour leurs enfants.

Le remède peut être donné directement avec une posologie, il nous a cependant été signalé que parfois, il s'accompagne d'un rituel mélangeant animisme et islam.

Près de 50% des plantes autochtones sont utilisées dans la pharmacopée traditionnelle (Viscardi, com. pers.2013). Beaucoup de plantes sont présentent en bord de route et en bord de mer, seulement quelques une le sont en forêt. Il semble cependant que certaines espèces aient été plus communes avant le développement de l'urbanisation.

Par ailleurs, la multiethnicité représente autant de pratiques thérapeutique différentes et toujours actuelles. C'est ainsi qu'il a été recensé que près de 40% des patients admis au CHM étaient d'origine étrangère (Sissoko *et al.*, 2002).

Figure 4 : Exemple de plantes communément utilisées dans la pharmacopée traditionnelle

Etude ethnobotanique à Mayotte

1. Cadre de l'étude

Le Diplôme Universitaire d'Etudes Complémentaires en ethnobotanique appliquée aux plantes médicinales, aux pharmacopées traditionnelles et à la pharmacie humanitaire et humaniste est dispensé à la faculté des sciences pharmaceutiques et biologiques de l'Université de Droit et Santé de Lille. Il a pour objectif de proposer une série d'outils méthodologiques nécessaires aux enquêtes ethnobotaniques.
La validation de cette formation passe par la rédaction d'un rapport ainsi que la réalisation d'un herbier, alors qualifié de droguier. Les échantillons sont déposés à l'herbier de la faculté de pharmacie de Lille, lequel est identifié par l'acronyme LIP.

Au carrefour des sciences naturelles et des sciences sociales (Barrau, 1971), l'ethnobotanique permet d'étudier les plantes utilisées par les populations, leur répartition et l'histoire de leur diffusion (J.W. Harhberger, 1896) en vue de comprendre et d'expliquer la naissance et le progrès des civilisations. Elle ne s'appuie sur l'agronomie, l'agriculture et la botanique économique que pour étudier les sociétés humaines (Portères, 1961). Une des finalités est de pouvoir conserver une trace écrite des savoirs traditionnels dont la transmission est essentiellement orale, alors que l'on assiste à une érosion et une rupture de la transmission générationnelle des savoirs, lesquels sont voués à décliner rapidement (Crosnier, 2001).
L'ethnopharmacologie est une autre ethnoscience, cousine de l'ethnobotanique. Elle a été définit par Dos Santos et Fleurentin en 1990, lors du premier colloque européen d'ethnopharmacologie qui s'est tenu à Metz. C'est l'étude scientifique interdisciplinaire de l'ensemble des matériaux d'origine végétale, animale ou minérale, et des savoirs et pratiques s'y attachant, que les cultures vernaculaires mettent en œuvre pour modifier les états des organismes vivants, à des fins thérapeutiques, curatives, préventives ou diagnostiques.

L'encadrement de cette mission a été effectué par Guillaume Viscardi, responsable de l'antenne de Mayotte du Conservatoire Botanique National de Mascarin. En effet, depuis 2007, une antenne du Conservatoire a ouvert à sue cette île. Elle emploie trois personnes : Guillaume Viscardi, Valérie Guiot et Benoit Duperron.
En plus de l'étude de la flore et de la végétation dans un objectif de conservation, le Conservatoire possède dans ses locaux à Coconi, un herbier abritant plus de 3 000 spécimens. Il est en voie d'homologation dans le réseau des herbiers de France sous l'acronyme MAO. Il possède un four à herbier qui fonctionne au gaz et qui permet le séchage des plantes, ainsi qu'un congélateur à -20°C qui permet une gestion conservatoire par élimination des parasites

2. Pourquoi étudier les plantes toxiques de Mayotte ?

Depuis l'ouvrage *Kitab al-sumum* de Jabir au XIè siècle ou celui de Maimonide[3] (1198) en passant par ceux d'Orfila[4] (1814) et de Cornevin[5] (1887) qui ont mis à plat, chacun à leur époque, l'état des connaissances relatif à la toxicité des minéraux, végétaux et animaux, de nombreux travaux ont été publiés sur cette thématique. On peut notamment citer les ouvrages d'Ansel *et al.* (1989) relatif aux plantes toxiques des Antilles et surtout celui de Bruneton (2005) relatifs aux cormophytes toxiques d'Europe occidentale.

Dans cette région du monde, Madagascar est explorée par des naturalistes depuis le XVIIIème siècle comme Commerson (1727-1773) ou Dupetit-Thouars (1758-1831), et plus récemment avec les travaux du Professeur Pierre Allorge. Cette île voisine concentre la grande majorité des recherches scientifiques en botanique.

A ma connaissance, aucun travail n'a été effectué sur les plantes toxiques dans les Comores, bien que la pharmacopée traditionnelle y soit relativement bien connue. Ceci grâce aux travaux d'Adjahonoun *et al.* (1982), de Faujour (2002), mais également grâce au projet PLARM (1988-1997) dont un CD-Rom intitulé « plantes aromatiques et médicinales de l'Océan Indien, Comores, Madagascar, Maurice, Seychelles » a été édité (Gurib-Fakim et Gueho, 2000). Ce document analyse 975 plantes utilisées dans la région.

Mayotte, jeune département français, a besoin de voir se développer la recherche fondamentale. Cette étude pourrait servir de premier pas pour stimuler le développement des programmes d'étude, notamment en phytochimie. De plus, une valorisation de la flore autochtone et des savoirs locaux permettrait de faire connaître cette île autrement que par ses productions de plantes à parfum.

Dans le monde, plusieurs plantes sont connues pour avoir été et être encore utilisées de nos jours pour la préparation de poisons pour la chasse (Pammel, 1911 ; Desmaisons, 1937) tels que *Strychnos toxifera* (Loganiaceae) et *Abuta toxifera* (Menispermaceae) en Amérique du Sud, *Antiaris toxicaria* (Moraceae) et *Derris elliptica* (Fabaceae) à Java et Bornéo, une espèce du genre *Erythrophleum* (Fabaceae) en Angola, au Sierra Leone et aux Seychelles, ou encore une espèce de *Strophanthus* (Apocynaceae) en Afrique occidentale.

Pour la pêche, la plupart des espèces appartiennent à la famille des Fabacées et aux genres *Abrus*, *Acacia*, *Afzelia*, *Albidizzia*, *Bauhinia*, *Clitoria*, *Enterolobium*, *Leucaena*, *Lonchocarpus*, *Milletia*, *Mundelia*, *Piscidia* et *Tephrosia*. On trouve également des Menispermacées *Anamirta paniculata* à Java et *Pachygone ovata* en Malaisie ; des Rhamnacées (*Gouania*, *Tapura* et *Ziziphus*), le genre *Grewia* (Malvaceae), le genre

---

[3] M. Maimonide, 1198. Traité des poisons et leurs antidotes.

[4] M.P. Orfila, 1814. Traité des Poisons tirés des règnes minéral, végétal et animal, ou Toxicologie générale, considérée sous les rapports de la Physiologie, de la Pathologie et de la Médecine légale.

[5] C. Cornevin, 1887. Des plantes vénéneuses et des empoisonnements qu'elles déterminent.

Barringtonia (Lecythidaceae) ou encore l'espèce *Laportea stimulans* (Urticaceae) en Indonésie.

Le principal but recherché est l'emploi d'un paralysant rapide pour que l'animal intoxiqué n'aille mourir au loin, ou que l'ennemi ou l'animal blessé, soient rapidement hors d'état de se défendre (Desmaisons, 1937). Dans ces cas, les poisons, tous alcaloïdes, auront une action très rapide sur les centres bulbaires et cardiaques (Stephen-Chauvet, 1937).

Par ailleurs, un volet souvent moins développé dans la thématique des poisons, ces derniers sont également utilisés comme psychotropes pour modifier les états de conscience et de perception, à des fins magiques, religieuses, médicales ou encore relevant de la toxicomanie (Boujot, 2004). Du psilocybe aux amanites, du peyotl à l'ayahuasca en passant par l'iboga, la liste des espèces utilisées est longue (Pelt, 1983 ; Stafford, 1993).

3. Matériel et méthodes

A - La bibliographie

Au vue du grand nombre d'espèces allochtones à répartition pantropicale, les ouvrages relatifs à la flore antillo-guyanaise, avec laquelle je suis familier, m'ont été d'une aide précieuse, et notamment l'ouvrage d'Ansel *et al.* (1989) relatif aux plantes toxiques des Antilles.

En plus de cette bibliographie, le recensement des substances toxiques s'appuie sur plusieurs sites Internet (accédé en février 2013) :

http://ead.univ-angers.fr/~pharma/bruneton/
http://www.accessdata.fda.gov/scripts/plantox/index.cfm
http://toxnet.nlm.nih.gov/

B - Liste des personnes ressources rencontrées

Mme Capucine Crosnier, ethnobotaniste, chef de service écologie et risques naturels à la Direction de l'environnement, de l'aménagement et du logement.

M. Guillaume Viscardi, botaniste, responsable de l'antenne mahoraise du conservatoire botanique national de Mascarin.

Mme Valérie Guiot, botaniste au conservatoire botanique national de Mascarin.

Dr Nadir Gherbi, médecin à Mamoudzou.

Dr Didier Troalen, responsable du laboratoire d'analyses médicales de Mamoudzou.

Dr Philippe Durasnel, chef de service de réanimation au centre hospitalier de Mayotte.

M Adjibou, chef du service élevage à la chambre d'agriculture.

Dr Christian Schuller, vétérinaire à Combani.

Mme Véronique Zitte, professeur de technologie végétale au lycée agricole de Coconi.

Mme Lydie Randriamihoatra, professeur d'agronomie au lycée agricole de Coconi.

M. Fabrice Bosca, conservateur de la réserve naturelle de l'îlot M'Bouzi.

M. Michel Charpentier, président de l'association des naturalistes de Mayotte.

Mme Halima Houmadi, *fundi* habitant à Kawéni.

M. Ali Saïdou, directeur adjoint du Conseil général.

M. Léonard Durasnel, chef du service patrimoine naturel au Conseil général.

M. Maoulida M'Changama, *fundi* habitant à Chiconi et travaillant à la DAF.

M. Laurent Mercy, directeur de l'Office National des Forêts à Mamoudzou.

Dr Roseline Nicolas, pharmacienne, Pharmacie du Lagon, Mamoudzou

C - Les herbiers

Les dates de la mission sur le terrain, de novembre à janvier, début de la saison des pluies ont été spécifiquement choisie car c'est une période où il y a un pic de floraison et de fructification. Ce qui permet de faire des herbiers fertiles et de s'assurer une meilleure identification.

Les échantillons ont été récoltés sur toute la période de la mission, s'étalant de novembre 2012 à janvier 2013 (Annexe 3).

L'utilisation concomitante de la littérature botanique et des spécimens déposés à l'herbier de Mayotte ont permis l'identification de la plupart des espèces. Cependant, quelques spécimens ont été identifiés par Guillaume Viscardi ou Valéry Guiot, les botanistes du conservatoire.

Un grand nombre d'espèces rudérales à répartition pantropicale ont été identifiées, de même que des espèces introduites pour l'exploitation agricole ou ornementale.

D - Les dénominations en Shimaoré et en Shibushi

Plusieurs sources bibliographiques et informatiques ont été utilisées pour trouver les dénominations en Shimaoré et en Shibushi.
- Plantes de Mayotte
- Guide de la Flore de Mayotte
- Index de la flore vasculaire de Mayotte

Figure 5 : Herbier Delnatte C. & Gallay M. N° 2 954 - *Delonix regia* (Fabaceae)

4. Une ethnologie du poison

Le poison est ancré dans nos croyances, religions et mythologies (Palao Pons, 2008). On peut citer notamment la déesse grecque Hécate et ses filles Médée et Circé ou encore les divinités Manasa et Vasuki chez les hindous.
Du point de vue historique, le poison nous a accompagné dès la préhistoire. On retrouve en effet des fragments de pavot à Atapuerca (Burgos, Espagne) près d'une sépulture néanderthalienne datant d'environ 120 000 ans, ou encore des tiges d'Ephedra dans la grotte de Shanidar (Kurdistan irakien), près d'un corps daté de 60 000 ans. Dans la période historique, de nombreux personnages sont liés aux poisons, Socrate, Mithridate, roi du Pont (IIème siècle avant JC.), l'empereur Claude, l'empereur Néron, le Pape Alexandre VI, les impératrices byzantines Théophano et Zoé (XIème siècle), plus récemment, Marie Besnard (1896-1980) ou encore Marie Curie qui succomba aux effets des rayons ionisants en 1934.

Il semble qu'au fil de l'histoire, le poison ait perdu son caractère sacré et qu'il appartienne désormais plus à l'univers des meurtriers qu'à celui des magiciens (Levy, 2011). C'est ainsi que le poison parfait a varié au cours des âges, en fonction des progrès scientifiques Sarrazin (2000). Il y a cependant deux caractéristiques qui doivent être conciliées : être mortel à coup sûr et ne pas être détectable. C'est pourquoi, selon Vitte (1969), parce qu'avec le développement de la toxicologie depuis le XIXème siècle, on réussit à découvrir et identifier les produits utilisés, l'art de l'empoisonnement est voué au déclin.

Tout comme l'ethnomédecine et l'ethnopharmacologie (Crosnier, 2001), l'étude ethnologique des toxiques mêle le scientifique et le symbolique. A priori simples, les inventaires des savoirs et usages des plantes toxiques représentent un sujet sensible pour une étude ethnologique. En effet, on distingue trois origines d'intoxication par ingestion (Viala et Botta, 2005) :
- Les intoxications accidentelles ;
- Les empoisonnements criminels ;
- Les suicides et la toxicomanie.

Les deux dernières origines soulèvent des interrogations et de la méfiance. En effet, selon Winter *et al.* (2011), dans l'espace public, le poison est mensonge, parjure, diffamation et médisance. De plus, l'empoisonnement est nécessairement prémédité puisqu'il requiert une préparation (Collard, 2003). Par ailleurs, la sorcellerie sert souvent d'auxiliaire à l'empoisonneur (Collard, 1992).
Enfin, notons que selon Bourret (1891-1982), les personnes qui ont une connaissance expérimentée des poisons, l' « *eruditio veneficiorum* » d'Orderic Vital (1838-1855, cité par Collard, 1992) ne sont qu'une variété dévoyée de thérapeutes.

A - A Madagascar

Parce que Mayotte possède une histoire commune avec Madagascar, cette dernière possède une grande influence dans le domaine des tradipraticiens. On retrouve ainsi quelques malgaches officiant avec des plantes venant de leur pharmacopée et qui ne poussent pas spontanément à Mayotte.

Dans la Grande Ile, l'empoisonnement est très redouté (Blanchy, 2005). Transmis au sein de la famille, le *Roakandro* est l'art de connaître les plantes pour nuire ou pour guérir (Debray, 1975) ; le sorcier empoisonneur est alors appelé *mpamosavy*.

Au niveau des plantes, on peut notamment citer l'utilisation du tanguin entre le XV et le XIXème siècle. En effet, le *Cerbera manghas* L. (Apocynaceae) a été fréquemment utilisé comme ordalie et ceux qui y survivaient étaient pris de convulsions et de vertiges (Charpentier, 2010). Decary (1959) a évalué que pour la période allant de 1823 à 1844, 150 000 personnes ont perdu la vie suite à l'ingestion du tanguin. Le principe actif, le tanghinoside, se fixe sur les fibres du myocarde et peut provoquer un arrêt cardiaque (Natarajan *et al.*, 1968). Cet usage fut aboli en 1861 par le roi Radama II (Boiteau et Allorge-Boiteau, 1993).

B - A Mayotte

A notre connaissance, la seule plante utilisée dans un objectif d'empoisonnement est *Tephrosia vogelii* connue localement sous le nom *uruva* et qui sert pour la pêche. Selon Fourmanoir (1954), broyée avec de la chaux elle était répandue dans les mares des platiers. Les poissons meurent d'asphyxie au bout de trois minutes, suite à la diffusion de la roténone. Cependant les feuilles doivent être utilisées en grande quantité pour être efficaces. Bien que toujours employée (Jamon *et al.*, 2010), cette technique de pêche, exclusivement féminine, est interdite par arrêté préfectoral du 17 juin 1997.
Cette espèce ichtyotoxique est largement répandue (Dounias *et al.*, 2000). En effet, son aire de répartition comprend toute la bande intertropicale africaine.

On sait que la différence entre poison et médicament est étroite. Les paramètres les plus importants étant la dose, la préparation, la date de collecte et la partie de la plante utilisée. De plus, environ 50% des espèces végétales présentes à Mayotte sont utilisées dans la pharmacopée traditionnelle (Viscardi, com. pers., 2013). Ces constatations mettent en évidence le manque de recherche publique quant à la caractérisation du potentiel pharmacologique de la flore mahoraise.

Le Centre hospitalier de Mamoudzou (CHM) s'est doté, depuis deux ans, d'une base de données enregistrant ses patients et leur pathologie. Une extraction de cette base m'a permis d'étudier trois cas d'intoxication par les plantes :
- M.L, 34 ans, hospitalisation 2 jours après accouchement avec des symptômes de bradychardie sévère et d'oppressement thoracique : intoxication suite à l'ingestion de 2 litres de quinine (*Eucalyptus citriodora* – Myrtaceae). Elle est restée hospitalisée 5 jours.

C'est une pratique courante de « nettoyer » le ventre des femmes après leur accouchement en ingérant des infusions ou macérations de plantes. Avec une mauvaise utilisation ou une confusion de détermination, cette pratique a entraîné environ une dizaine de cas ces 5 à 6 dernières années (Durasnel P., com. pers., 2012)
- H.F., 66 ans, a été admise avec des symptômes de céphalées et de douleurs abdominales suivi d'un coma d'installation brutal : cette intoxication fait suite à une confusion de détermination entre les plantes *Azadirachta indica* et *Melia azedarach* (Meliaceae), deux plantes morphologiquement très proches mais la première est largement utilisée et connue sous le nom « 150 maladies » et la seconde étant utilisée en insecticide.
- S.D., 25 ans, hospitalisation après accouchement du 3° enfant, avec des troubles de la conscience, une suspicion de psychose puerpérale et d'hypernatrémie associé à de la fièvre. Les analyses sanguines ont montré une forte élévation des enzymes musculaires (CPK à 140 000). La famille lui a fait ingérer des infusions de plantes identifiées comme *Oxalis corniculata* (Oxalidaceae) et *Ziziphus spina-christi* (Rhamnaceae). La première plante appartient à une famille connue pour ses concentrations en oxalate de calcium, ce qui pourrait expliquer le crush-syndrome.

De plus, plusieurs cas ayant eu lieu ces 5 dernières années ont été énoncés oralement (mémoire de médecins) :
- Deux familles intoxiquées (7 personnes) suite à l'ingestion d'une igname non comestible. Après une enquête auprès de botanistes locaux, l'espèce a été identifiée comme *Dioscorea sansibarensis* (Dioscoreaceae), connue pour ses propriétés émétiques.
- Avec en moyenne un cas par an, l'intoxication suite à l'ingestion de jus de carambole (*Averrhoa carambola* L. – Oxalidaceae) connue pour sa toxicité chez les personnes insuffisants rénaux chroniques.
- Un cas d'un patient hospitalisé avec les symptômes d'une intoxication chronique au cyanure. Le tubercule de manioc est réputé localement pour être un aphrodisiaque.

Au niveau des déterminations de végétaux mis en cause dans les intoxications au CHM à Mayotte, les botanistes locaux sont consultés et parfois le Muséum National d'Histoire Naturelle (Durasnel, P., com. pers., 2012). Cependant, il est assez rare que des échantillons de plantes soient amenés par les proches de la personne hospitalisée.

Il sera intéressant, avec du recul, d'étudier les différentes causes des cas d'intoxication par les plantes à Mayotte. On peut estimer que dans une dizaine d'années, on obtiendra un nombre de cas significatif, permettant des analyses statistiques représentatives.

Les fundis rencontrés collectent les végétaux et procèdent eux-mêmes aux préparations cependant, pour les particuliers, les intoxications peuvent alors être issu d'erreur d'identification (50%) ou de non respect des méthodes traditionnelles de préparation (12,5%). L'ignorance du danger reste la cause principale des intoxications chez les enfants et les touristes (37,5%). Par ailleurs, les intoxications par contact touchent particulièrement les randonneurs.

L'analyse des 16 cas d'intoxication accidentelle recensés au CHM entre 2008 et 2012, permet d'obtenir le graphique suivant (Figure 6). Cependant, ces chiffres ne sont pas significatifs et ne représentent qu'une partie des intoxications qui ont lieu à Mayotte.

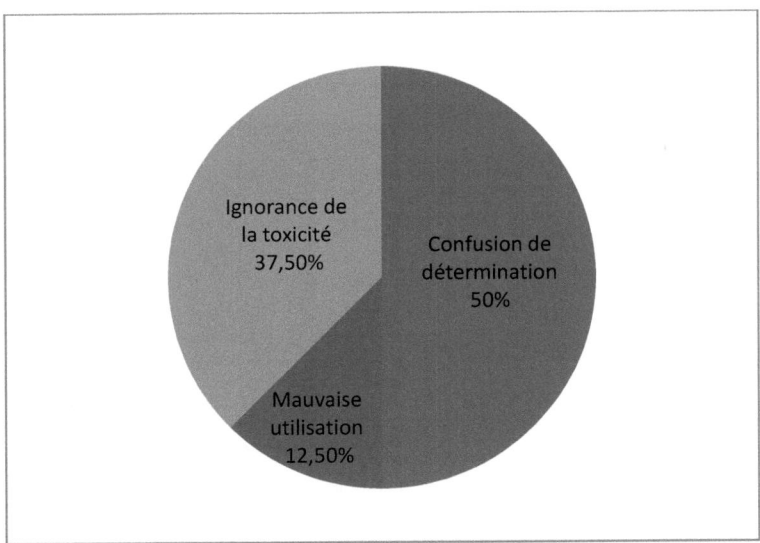

Figure 6 : Origine des cas d'intoxication par les plantes recensées au CHM entre 2008 et 2012

Notule sur les animaux vénimeux

En restant dans le cadre naturaliste bien qu'en sortant du domaine strictement botanique, il est apparu nécessaire de faire une parenthèse sur les animaux mahorais vénimeux.

A Mayotte, il n'y a qu'un animal terrestre qui appartient à cette catégorie, c'est la scolopendre. Par ailleurs, les cas d'intoxication les plus couramment observés, avec en moyenne un cas par an, par les services des urgences sont dus à l'escargot géant d'Afrique (*Achatina fulica*) (Durasnel P., com. pers., 2012), hôte intermédiaire d'*Angiostrongylus cantonensis*, nématode responsable de méningites à éosinophiles (Sauvignet, 2006).

Par ailleurs, parmi les 2300 espèces marine identifiées à Mayotte, on trouve plusieurs animaux dangereux dans les fonds marins pouvant provoquer des accidents de contact urticariens, les plus fréquents, et des accidents d'envenimement (Bonnin *et al.*, 1993). On peut citer des oursins tels que : *Toxopneustes pileolus* Lam., *Tripneustes gratilla* L., *Diadema savignyi* Andouin, *Diadema setosum* Leskes, *Nemerocentrus mamillatus* L., *Phornosoma bursarium* Agassiz.. On trouve également des vers aux soies dangereuses *Chloeia flava* Pallas et *Eurythoe complanata* Pallas et un serpent provoquant des morsures avec dilacérations, *Eunice aproditois* Pallas qui est présent dans toutes les mers tropicales.

Chez les holothuries où la toxine est diffusée par le tégument, on recense *Holothuria atra* Jaeger, *Stichopus variegatus* Semper, *Thelenota ananas* Jaeger. On peut noter les empoisonnements par les cônes injectant leur poison grâce à une dent radiculaire creuse pouvant rester fichée dans la proie, *Conus geographus* L., et *Conus textile* L. mais aussi l'Echinoderme Asteride *Acanthaster planci* L. connue sous le nom couronne d'épines dévoreuse de corail. Chez les poissons, on peut citer la raie *Dasyatis pastinaca* dont la queue est armée d'un aiguillon barbelé triangulaire, les rascasses *Pterois volitans* L. et *Pterois radiata* Cuvier ou encore le poisson-pierre *Synanceia verrucosa* Bloch & Scheider.

Il a également été signalé des cas d'ichtyosarcotoxisme et de chélonitoxisme suite à l'ingestion de poissons et de tortues contenant des toxines marines (Champetier De Ribes *et al.*,1997).

Figure 7 : *Acanthaster planci* **L. - Crédit photo : A. Limas**

La phytotoxicité

Les toxines végétales font partie des stratégies de défenses chimiques pour lutter contre l'herbivorie et principalement contre les insectes phytophages, au même titre que les huiles essentielles et les composés organiques volatils (Fowler, 1983). Parce qu'elles n'ont pas de rôle apparent dans le métabolisme de base des végétaux, ces substances chimiques sont qualifiées de composés issus du métabolisme secondaire ou plus simplement composés secondaires (Dugravot, 2004).

1. Quelques notions de toxicologie

La grande majorité des ouvrages ou des chapitres traitant des toxiques commencent par la citation de Paracelse (1493-1541) : « *Omnia venenum sunt: nec sine veneno quicquam existit. Dosis sola facit, ut venenum non fit* » pouvant être traduite par « Tout est poison, rien n'est poison. C'est la dose qui fait le poison. ». D'ailleurs, souvent simplifiée, seule la dernière partie est retenue : « *Dosis sola facit venenum* ».

Ce précepte de base de la toxicologie, souligné dès le XVIème siècle, met en évidence que les réponses aux différentes doses des xénobiotiques sont nombreuses et fonction des combinaisons cible/agent toxique. Une même substance peut détruire ou guérir, soigner ou détériorer, faire vivre ou mourir. D'ailleurs, le terme grec *pharmakon* se traduit indifféremment par médicament ou poison. Par exemple, les tablettes d'argile sumériennes, datant de 4000 ans avant J.C., mentionnent l'usage thérapeutique de l'opium, de la mandragore et de la jusquiame, alors que ces plantes sont aujourd'hui considérées comme dangereuses.

La toxicologie est une discipline scientifique qui s'occupe des substances nocives ou poison (du grec toxicon « ζοςιχον »), de leur identification, leurs propriétés physiques et chimiques, de leur devenir dans l'organisme, de leur mode d'action, de leur recherche dans différents milieux et des moyens, préventifs et curatifs, permettant de combattre leur nocivité (Bounias, 1999 ; Viala et Botta, 2005 ; Gupta, 2012).

Dans le langage courant toxine et poisons sont utilisés indifféremment. Un poison est une substance qui, si elle est absorbée par un organisme vivant, peut causer une blessure ou la mort du fait d'une réaction chimique (Levy, 2011).
Le terme toxine, préféré par les personnels de santé, correspond principalement à une substance toxique spécifique et ses réactions dans les processus biologiques. L'intoxication ou l'empoisonnement se définit donc comme une situation pathologique consécutive à une exposition d'un organisme à un toxique.

La toxicovigilance consiste en la surveillance des effets toxiques pour l'homme d'un produit, d'une substance ou d'une pollution aux fins de mener des actions d'alerte, de prévention, de formation et d'information (décret du 28 septembre 1999).

Les intoxications par les plantes constituent l'un des volets les plus anciens de la toxicologie (Bounias, 1999). Une plante est considérée toxique lorsqu'elle contient une ou plusieurs substances nuisibles pour l'homme ou pour les animaux et dont l'utilisation provoque des troubles variés plus ou moins graves voire mortels (Fournier, 2001).

Le présent document n'a pas pour objectif de présenter les données de physiologie ni les principes actifs toxiques que l'on peut retrouver dans les différentes plantes. Cependant, ces indications sont données à titre informatif respectivement dans les annexes 1 et 2^6.

2. Epidémiologie des toxines végétales

Les plantes, parce qu'elles sont naturelles, sont très souvent considérées comme non dangereuses, et les populations y ont recours dans divers contextes variés (alimentation, thérapeutique, bois de chauffage, construction, décoration...).

Considérées comme accident de la vie courante quant elles ne sont pas intentionnelles [7], les intoxications ont été, en 2006 en France, à l'origine de 1022 décès concernant 532 hommes et 490 femmes et plus de la moitié des décès par intoxication accidentelle sont survenus chez des personnes âgées de 65 ans et plus (Lasbeur et Thélot, 2010). La même année, sur un total de 197 042 cas d'exposition à un toxique, les intoxications par les plantes ont représentée environ 5% des expositions accidentelles et celles des champignons 2% (Flesch, 2009).

La classe d'âge des enfants de 1 à 4 ans est la plus représentée. Elle varie de 46,3% (Villa et al., 2008) à 65% (Flesch, 2009). Leur intoxication est très souvent bénigne. Le grand nombre d'incidents et d'accidents chez les enfants en bas âge s'expliquent par le fait que la perception de leur milieu par un test gustatif est importante (Flesch, 2009). Ensuite, avec l'apprentissage de la marche et par jeu de mimétisme, ils peuvent d'amuser à cuisiner des plantes présentant des substances toxiques (Bruneton, 2005). Enfin, l'explication tient également du fait que l es enfants sont particulièrement attirés par les fruits (Rhalem et al., 2009).

---

[6] Le lecteur trouvera de plus amples informations dans les ouvrages cités dans la bibliographie : Bruneton, 2005 ; Viala et Botta, 2005 ; Bédry et al., 2007.

[7] Les accidents de la vie courante sont définis comme des traumatismes non intentionnels qui ne sont ni des accidents de la circulation, ni des accidents du travail. Thélot B., 2004. Les accidents de la vie courante : un problème majeur de santé publique. *Bull. Epidémiol. Hebd.*, 19-20: 74-5

Les intoxications graves concernent principalement l'adulte et surviennent dans le cadre d'une tentative de suicide, d'une consommation dans un but addictif ou d'une confusion avec une plante comestible (Flesch, 2009).

La cause la plus fréquemment signalée d'intoxication reste l'erreur d'identification. En effet sur l'étude menée en 2007, 94% des intoxications sont d'origine accidentelle dont 6% sont dus à une confusion alimentaire (Flesch, 2009). Néanmoins, une mauvaise utilisation de plantes aux propriétés thérapeutiques est également signalée (Bruneton, 2005).

En Belgique, les plantes représentent 5% des intoxications, en Italie 6,5%, en Suisse 7,2%, en Turquie 6%, 5,1% au Maroc (Rhalem et al., 2008) et 2,36% des les régions gérées par l'Association américaine des centres de contrôle du poison (Bronstein et al., 2011 : Bronstein et al., 2011. 2010 Annual report of the American Association of poison control centers'national poison data system (NPDS): 28th Annual Report. *Clinical Toxicology* 49: 910-941.)

3. Les Centres antipoison et de toxicovigilance

Les premiers centres antipoison et de toxicovigilance (CAPTV) ont vu le jour dans les années 1960 au sein des hôpitaux de Paris et de Lyon. Ils ont été créés dans les services d'accueil des urgences, du Samu, des services de réanimations, de médecine interne, ou des services de maladies professionnelles. C'est depuis les années 1970 que le ministère de la santé tente une coordination nationale chargé d'assurer la fonction de toxicovigilance (Rapport RM 2007-077P d'octobre 2007).

Il existe, à ce jour, treize centres répartis en dix centres antipoison et de toxicovigilance (CAPTV) (Annexe 4), services de centres hospitaliers universitaires et trois centres de toxicovigilance (CTV). Ils sont localisés uniquement en métropole, néanmoins, la zone de l'Océan Indien qui compte Mayotte et la Réunion est supervisée par le CAPTV de Marseille et la région des Antilles-Guyane l'est par le CAPTV de Paris.

Les missions et l'organisation des CAPTV sont définies par plusieurs textes législatifs :
- La loi du 30 juillet 1991
- Le décret n°96-833 du 17 septembre 1996 relatif aux missions et moyens des CAP (mis en application par l'arrêté du 29 novembre 1996) ;
- L'arrêté du 1er juin 1998 relatif à la liste des centres hospitaliers régionaux comportant un CAP ;
- Le décret du 28 septembre 1999 portant organisation de la toxicovigilance

- L'arrêté du 18 juin 2002 relatif au système informatique commun des CAP

Les CAPTV sont chargé de répondre « à toute demande d'évaluation des risques et à toute demande d'avis ou de conseil concernant le diagnostic, le pronostic et le traitement des intoxications humaines, accidentelles ou volontaires, individuelles ou collectives, aiguës ou non, provoquées par tout produit ou substance naturelle ou de synthèse, disponible sur le marché ou présent dans l'environnement ».

En matière de toxicovigilance, les centres assurent des missions de collecte d'information, d'expertise, d'alerte et de suivi de l'évolution des intoxications. Ils assurent également une mission d'enseignement et de recherche en toxicologie clinique.

Depuis la loi « Hôpital, patients, santé et territoires » (HPST) du 22 juillet 2009, les professionnels de santé sont tenus de notifier toutes les formes d'intoxication qu'ils sont amenés à confronter.

Le Comité de Coordination de Toxicovigilance (CCTV), via plusieurs groupes de travail, publie régulièrement des analyses réalisées à partir des informations contenues dans le Système d'Information Commun aux CAPTV (SICAP). A terme, le SICAP se basera sur trois bases de données :
- La base nationale des produits et compositions (BNPC) rassemble les informations validées utiles aux médecins des CAP.
- La base nationale des cas et des demandes d'informations toxicologiques (BNCI) contient les informations rendues anonymes, issues des bases locales constituées par chacun des CAP.
- La base nationale de documentation toxicologique (BNDT) qui est encore à mettre en œuvre (Blanc-Brisset et Puskarczyk, 2012).

Au niveau international, 35 bases de données toxicologiques sont recensées, dont 22 accessibles gratuitement (Guerbet et Guyodo, 2003).

Au niveau national, on peut noter l'initiative du CAPTV de Nancy qui a mis en place une base de données permettant l'identification de plantes à baies ainsi qu'une base de données sur les champignons toxiques.

Monographies de quelques plantes toxiques de Mayotte

Quelques familles sont bien connues pour renfermer des alcaloïdes et autres substances toxiques.

- Apocynaceae notamment le *Tanghinia venenifera* originaire de Madagascar (Heckel, 1897). *Cameraria latifolia* L. dont le latex était utilisé pour empoisonner les flèches dans les grandes Antilles (Heckel, 1897)
- Araceae et Marantaceae dont le latex translucide des feuilles et des tiges est caustique et vésicant (Heckel, 1897), notamment le *Dieffenbachia seguine* Schott et le *Philodendron hederaceum* Schott ;
- Euphorbiaceae dont le latex de *Johannesia princeps*, *Phyllanthus conami* Sw., *Phyllanthus urinaria* L. et *Phyllanthus virosus* Roxb. servent comme ichtyotoxique au Brésil, en Guyane et dans les Antilles (Heckel, 1897).
- Fabaceae : *Andira racemosa* dont l'écorce et le fruit sont toxique (Heckel, 1897). *Galega sericea* Buch-Ham., *Tephrosia purpurea* Pers., *T. toxicaria* Pers., *T. frutescens* DC., *T. cinerea* utilisées pour étourdir le poisson et connues sous le nom de nivrées.
- Solanacées : connues depuis l'Antiquité, la belladone, la stramoine et la morelle concentrent des alcaloïdes tels que le tropane.

Dans cette étude, il a été recensé **69 espèces appartenant à 30 familles** (Annexe 5). Cette liste regroupe des espèces à toxicité plus ou moins élevée. Les familles présentent le plus de taxons toxiques sont les Apocynacées, les Euphorbiacées, les Fabacées et les Solanacées (Figure 8). La toxicité des plantes mahoraises se transmet essentiellement par ingestion 72%, contre 38% par contact (Figure 10).

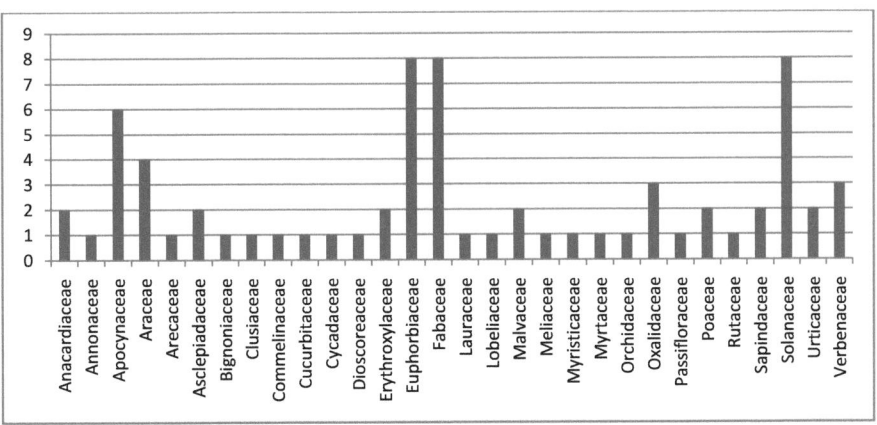

Figure 8 : Répartition des espèces toxiques par famille

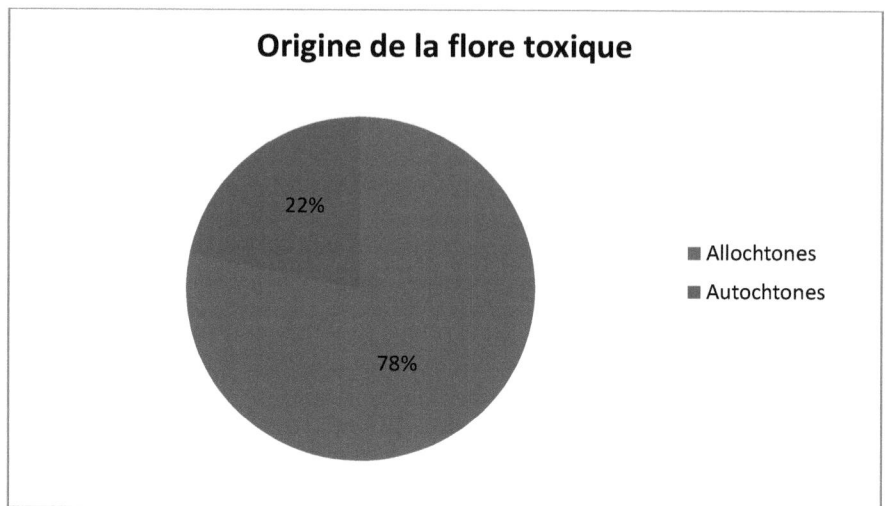

Figure 9 : origine de la flore toxique de Mayotte

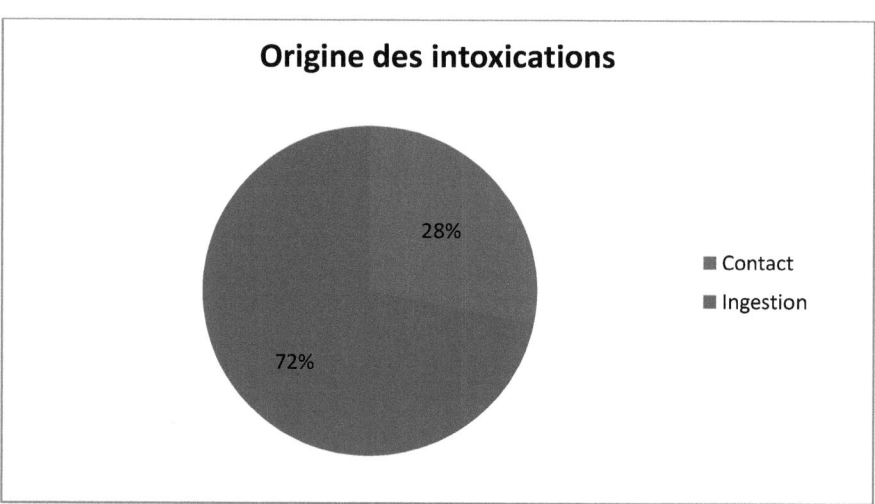

Figure 10 : Origine des intoxications par les plantes mahoraises

1. Exemples d'espèces urticantes

Araceae : *Typhonodorum lindleyanum* Schott

Nom vernaculaire Shimaoré : Bunga

Présence de cristaux d'oxalate de calcium dans la plupart des espèces de la famille.

Euphorbiaceae : *Tragia furialis* Bojer

Nom vernaculaire Shimaoré : Shileni

Nom vernaculaire Shibushi : Ampisi

Présence de cristaux d'oxalate de calcium, histamine, sérotonine...

Fabaceae : *Mucuna pruriens* (L.) DC. var. *pruriens*

Nom vernaculaire Shimaoré : Chitsangu

Nom vernaculaire Shibushi : Antakilutru

Les poils de la gousse libèrent une substance histaminolibératrice, leur ingestion provoque des troubles asthmatiformes.

Poaceae : *Dendrocalamus giganteus* Munro

Nom vernaculaire Shimaoré : Muhambu wa mwana kuri

Nom vernaculaire Shibushi : Valiha mwana kori

Les poils des gaines des chaumes sont urticants et sont toxiques en inhalation-ingestion.

2. Exemples d'espèces hématotoxiques

Euphorbiaceae : *Ricinus communis* L.

Nom vernaculaire Shimaoré : Muri wa katoto

Nom vernaculaire Shibushi : Kinana

Les graines contiennent de la ricine et de la ricinine.

Fabaceae : *Abrus precatorius* L. sub. *africanus* Decne.

Nom vernaculaire Sihmaoré : Mutsakuhu

Nom vernaculaire Shibushi : Bilimbitsi, Masu na umbi gara

Les graines contiennent une toxalbumine, l'abrine mais également de l'alubrine, de l'acide albrique et de la précatorine.

3. Exemple d'espèces neurotoxiques

Euphorbiaceae : *Manihot esculenta* Crantz

Nom vernaculaire en Shimaoré et en Shibushi : Muhogo

Toute la plante contient des glycosides cyanogènes et de l'acide prussique.

Campanulaceae : *Hippobroma longiflora* (L.) G.Don

Nom vernaculaire Shibushi : Ahoudifadi

La plante entière (principalement les feuilles) contient des alcaloïdes : saponine, flavonoïde mais également de la lobeline, lobelamine et de l'isotomine.

4. Exemple d'espèces hépatotoxiques

Euphorbiaceae : *Jatropha curcas* L.

Nom vernaculaire Shimaoré : Musumu, Muri maji

Nom vernaculaire Shibushi : Vala velung'u

Les feuilles contiennent de la saponine et l'écorce un saponoside stéroïdique. Les graines contiennent de la cursine. Présence d'acide cyanhydrique dans le fruit, la racine et l'écorce.

Fabaceae : *Crotalaria retusa* L.

Nom vernaculaire Shimaoré : Utsakuhu be, Mutsakuhu

Nom vernaculaire Shibushi : Ampa munu masuna koho be

La plante entière contient de la pyrrolizidine, de la monocrotaline, de la retronecine et de la retusine.

5. Exemple d'espèces néphrotoxiques

Oxalidaceae : *Averrhoa carambola* L.

Nom vernaculaire Shimaoré : Uhaju mukanga

Nom vernaculaire Shibushi : Madiro riranaa

Intoxication possible chez les insuffisants rénaux chroniques par ingestion de fruits ou de jus de fruits.

Oxalidaceae : *Averrhoa bilimbi* L.

Nom vernaculaire Shimaoré : Wajou oua shizoungou

Nom vernaculaire Shibushi : Madiro kivaza

Les fruits sont riches en acide oxalique et auraient les mêmes effets chez les insuffisants rénaux qu'*Averrhoa carambola* L.

6. Exemple d'espèces cardiotoxiques

Apocynaceae : *Thevetia peruviana* K.Schum.

La plante entière contient des hétérorides stéroïdiques du groupe des cardénolides (thévétine, nérifoline, péruvosides, thévéfoline). Le fruit et la graine sont émétiques et contiennent un glucoside cristallisé, la thévétine dont l'action est tétanisante.

Solanaceae : *Solanum nigrum* L.

Noms vernaculaires Shimaoré : Bwa niungo, Bwamunovi

Nom vernaculaire Shibushi : Ang'adsindra

La plante entière contient solanine, solanidine et saponosides. Les fruits sont les plus fréquemments responsables des intoxications, ils contiennent des glycoalcaloïdes toxiques.

Conclusion

Cette étude souligne la nécessité de voir se développer la recherche fondamentale pour étudier les molécules des plantes autochtones. Il est en effet estimé qu'environ 50% des espèces sont utilisées dans la pharmacopée traditionnelle (Viscardi, com ; pers. 2013). En effet, plusieurs espèces comme *Phyllarthron comorense* DC. (Bignoniaceae) semblent n'avoir jamais fait l'objet d'études pharmacologiques.

Parce que de nouvelles espèces pour la science continuent à être décrites, il est nécessaire de poursuivre les prospections et les inventaires botaniques, voire de développer l'antenne locale du Conservatoire botanique en recrutant d'autres botanistes. De plus, il y a encore trop peu de données concernant les champignons alors que certains, du type coprin, coulemelle, champignon du baobab sont comestibles.

Il est à craindre, dans un futur proche, l'introduction massive d'espèces végétales dans un but ornemental. En plus du risque d'invasion biologique, le risque d'intoxication avec des espèces dont la toxicité n'est pas connue localement pourrait se développer. Il est peut être nécessaire de décentraliser la toxicovigilance au niveau de l'Océan Indien. Mayotte et l'île de la Réunion sont encore rattachées aux CAPTV de Marseille.

Le principal mode de communication de la société mahoraise repose sur le principe de la tradition orale (Ahamadi, 2011). C'est pourquoi, avec l'évolution de la société et la diminution des fundis, on peut supposer que l'avenir verra disparaître un grand nombre de savoirs traditionnels

Enfin, les lieux de collecte de plantes médicinales soulèvent un problème de pollution inexistant il y a encore quelques années avant l'essor du parc automobile et de l'utilisation massive d'engrais. On sait en effet que les plantes de bord de route concentrent des métaux lourds et que celles à proximité des parcelles cultivées peuvent contenir des pesticides rémanents.

Bibliographie

Adjanohoun, E.J., Aké Assi L., Ahmed, A., Eymé, J., Guinko, S., Kayonga, A., Keita, A. et Lebras, M., 1982. Médecine traditionnelle et pharmacopée, Contribution aux études ethnobotaniques et floristiques aux Comores. Agence de Coopération Culturelle et Technique, Paris. 218 p.

Ahamadi, D., 2011. L'évolution de la participation de la société civile au développement selon le modèle traditionnel mahorais à l'heure de la départementalisation : entre le passé, le présent t l'avenir. Communication orale au Congrès international du GIS, le 18 octobre 2011 à Paris.

Allibert, C., 1984. Mayotte, plaque tournante et microcosme de l'océan indien occidental : son histoire avant 1841. Editions Anthropos, Paris.

Ansel, D., Darnault, J.-J. & Longuefosse, J.-L., 1989. Plantes toxiques des Antilles. Editions Exbrayat, Fort-de-France. 93 p.

Barrau J., 1971. L'ethnobotanique au carrefour des sciences naturelles et des sciences humaines. *Bulletin de la Société Botanique de France*, 118: 237-248.

Barthelat F. et Viscardi G., 2007. Flore et végétation de Mayotte, une histoire naturelle. Univers maoré n°6, avril 2007. Pp: 22-35.

Barthelat F. et Viscardi G., 2012. Flore menacée de l'île de Mayotte : importance patrimoniale et enjeux de conservation. Revue d'Ecologie Terre et Vie, supplément 11: 15-27.

Barthelat F., M'Changama M. & Ali Sifari B., 2006. Atlas illustré de la flore protégée de Mayotte. Direction de l'Agriculture et de la Forêt, Service Environnement. 53 p.

Blanc-Brisset I. et E. Puskarczyk, 2012. Group utilisateurs du SICAP. Synthèse des attentes fonctionnelles du futur système d'information des CAPTV et de la toxicovigilance. 126 p. www.centres-antipoison.net accédé en février 2013.

Blanchy, S., 2005 Sandra J. T. M. Evers. *Constructing History, Culture and Inegality. The Betsileo in the Extreme Southern Highlands of Madagascar.* Leiden, Brill, 2002, 241 p., bibl., gloss., index (« African Social Studies Series » 4). *L'Homme*, pp 175-176.

Blanchy, S., Cheikh, M., Saïd, M., Allaoui, M. et Issihaka, M., 1993. Thérapies traditionnelles aux Comores. *Cahiers des Sciences Humaines*. 29(4): 763-790.

Boiteau P. et L. Allorge-Boiteau, 1993. Plantes médicinales de Madagascar, Paris, Karthala Ed. Coll. Economie et développement/Plante médicinales. XXX p.

Bonnin, J.-P., Grimaud, C., Happey, J.-C., Seyer, J. & Strub, J.-M., 1993. Les accidents du milieu subaquatique et de la plongée libre. Edition Masson, Paris. 164 p.

Boujot C., 2003. Pour une ethnologie des poisons. *Ethnologie française*, 34: 389-396.

Boullet V., 2005. Aperçu préliminaire de la végétation et des habitats de Mayotte, Contribution à la mise en œuvre de l'inventaire ZNIEFF, Conservatoire Botanique National des Mascareignes. 160 p

Bourret, D., 1891-1982. Les raisons du corps, élément de la médecine traditionnelle autochtone en Nouvelle Calédonie. Cahiers de l'ORSTOM, série Sciences Humaines, 18(4): 487-513.

Bounias, M., 1999. Traité de toxicologie générale. Edition Springer, Château-Gontier. 787 p.

Buyck, B., 2010. Inventaire fongique de Mayotte, Société Mycologique de France pour le compte de la DAF. 349 p.

Champetier De Ribes, G., Rasolofoniria, R. N., Ranaivoson, G., Razafimahefa, N., Rakotoson, J.D. & Rabeson, D., 1997. Intoxications par animaux marins vénéneux à Madagascar (ichtyosarcotoxisme et chélonitoxisme) : données épidémiologiques récentes. Congrès SPE de l'Ile Maurice, novembre 1996.

Charpentier, M., 2010. La justice par le poison : l'épreuve du tanguin. *Univers Maoré*, 14: 28-37.

Collard F., 1992. Recherches sur le crime de poison au Moyen Âge. Journal des savants, 1: 99-114.

Collard F., 2003. Le crime de poison au Moyen Âge. Presses universitaires de France, Paris. 303 p.

Conservatoire botanique de Mascarin (Boullet V., Coord.), 2011. *Index de la flore vasculaire de Mayotte (Trachéophytes) : statuts, menaces et protections*. – Version 2011.1 http://floremaore.cbnm.org

Crosnier, C., 2001. Le terrain comme chemin d'apprentissage, problématique d'inventaire et de recherche en ethnobotanique du domaine français. Quelles approches et quelles méthodes ? *Plantes, sociétés, savoirs, symboles. Matériaux pour une ethnobotanique européenne. Actes du séminaire d'ethnobotanique de Salagon*, 1: 57-78.

Debeuf, D., 2004. Etude de l'évolution volcano-structurale et magmatique de Mayotte, Archipel des Comores, Océan Indien. Approches structurale, pétrographique, géochimique et géochronologique. Thèse de doctorat en sciences de la Terre, Université de la Réunion. 293 p.

Debray, M., 1975. Médecine et pharmacopée traditionnelles à Madagascar. *Etudes médicales*, 1: 69-83.

Delnatte, C., 2003. La Guadeloupe face aux espèces allochtones: étude préalable d'évaluation de la menace des espèces végétales invasives dans le Parc national de Guadeloupe. DESS Ressources Naturelles et Environnement, Institut National Polytechnique de Lorraine. 244 p.

Delnatte, C. et Meyer, J.-Y., 2012. Plant introduction, naturalization, and invasion in French Guiana (South America). *Biological Invasions*, 14(5): 915-927.

Desmaisons H., 1937. Empoisonnement des Armes primitives. *Bulletin de la Société préhistorique française*, 34(11): 493-496.

Dounias E., Wanderley R. et Petit C., 2000. Revue de la littérature ethnobotanique pour l'Afrique centrale et de l'Afrique de l'ouest. *Bulletin du réseau africain d'ethnobotanique*, 2: 5-117.

Dugravot, S., 2004. Les composés secondaires soufrés des *Allium* : rôle dans les systèmes de défense du poireau et actions sur la biologie des insectes. Thèse de doctorat, Université de Tours, 197 p.

Flesch, F., 2009. Accidents toxiques dus aux plantes : l'expérience des centres antipoison et de toxicovigilance. Académie d'Agriculture de France, Séance du 9 décembre 2009.

Fourmanoir, P., 1954. Ichtyologie et pêche aux Comores. Mémoires de l'Institut scientifique de Madagascar, série A, Tome IX, pp: 187-239.

Fournier P., 2001. Les quatres flores de France, Lachevalier. Paris. Vol II.2

Fowler, M.E., 1983. Plant poisoning in free-living wild animals: a review. *Journal of Wildlife Diseases*, 19: 34-43.

Guerbet, M. et Guyodo, G., 2003. Evaluation et comparaison des bases de données factuelles en toxicologie. *Infotox, bulletin de la Société de Toxicologie Clinique*, 17:3.

Gupta, R.C., 2012. Veterinary Toxicology, Basic and clinical principles. Second Edition, Academic Press, London. 1438 p.

Gurib-Fakim A. et J. Gueho, 2000. Plantes aromatiques et médicinales de l'océan Indien : Comores, Madagascar, Maurice, Seychelles. CD-Rom COI/EU.

Hallé, F., 2008. Requiem pour les forêts tropicales. Univers maoré n°9, février 2008. Pp : 10-21.

Harpet, C., 2005. Le lémurien dans les groupes linguistiques du nord-ouest de Madagascar et du sud de Mayotte – Eléments pour une Anthropologie de la biodiversité. Thèse de doctorat du Centre d'étude et de recherches sur l'océan indien occidental, Paris. 277 p.

Harshberger, J.W., 1896. The purposes of ethno-botany. The Botanical Gazette, 21(3): 146-154.

Heckel, E., 1897. Les plantes médicinales et toxiques de la Guyane française. Imprimeur Protat frères, Macon. 93 p.

INSEE, 2009. La croissance démographique reste dynamique. Insee Mayotte Info n°39. Avril 2009.

INSEE, 2012. Recensement de la population. Insee Mayotte Info n°61. Novembre 2012.

Jamon, A., Wickel, J., Nicet, J.-B., Durville, P., Bissery, C., Fontcuberta, A. & Quaod, J.-P., 2010. Evalution de l'impact de la pêche au djarifa sur les ressources halieutiques. Rapport PARETO/APNEE/LAGONIA/Parc Marin de Mayotte pour le compte de l'AAMP. 59 p.

Jean-Blain, C. & Grisvard, M., 1973. Plantes vénéneuses, toxicologie. Maison Rustique, Paris, 140°p.

Lapègue, J.B., 1999. Aspects quantitatifs et qualitatifs de la pluviométrie dans des enjeux majeurs de la problématique de l'eau à Mayotte : la ressource hydrique, l'assainissement pluvial et l'érosion. Thèse de doctorat, Université de la Réunion. 376 p.

Lasbeur L. et Thélot B., 2010. Mortalité par accident de la vie courante en France métropolitaine, 2000-2006. *Bulletin Epidémiologique Hebdomadaire*, 8: 65-69.

Lebrun, J.-P., 2005. Introduction à la flore d'Afrique. Ibis Press, Paris. 156 p.

Levy, J., 2011. Histoire du poison. Edition l'Express, Paris. 224 p.

Martin, J., 1983. Comores : quatre îles entre pirates et planteurs, razzias malgaches et rivalités internationales. L'harmattan, Paris. 611 p.

Mayottemag, 2012. L'environnement au cœur de l'action du département. Magazine d'information du Conseil général, n°2, août 2012. 39 p.

Meyer, J.-Y., Lavergne, C., and Hoddel, D. R., 2008. Time Bombs in Gardens: Invasive Ornamental Palms in Tropical Islands, with Emphasis on French Polynesia (Pacific Ocean) and the Mascarenes (Indian Ocean). *Palms*, 52(2): 23-35.

Myers, N., Mittermeier, R.A., Mittermeier, C.G., da Fonseca, G.A.B. & Kent, J., 2000. Biodiversity hotspots for conservation priorities. *Nature*, 403: 853-858.

Natarajan R., J. Rakotoarivelo et J. Bost, 1968. Cardiotonic activity of total extracts of Tanghinia venenifera. Thérapie, 23(1): 39-49.

Palao Pons, P., 2008. Les mystères des poisons de l'antiquité à nos jours. Editions De Vecchi, Lonrai. 317 p.

Pammel L.H., 1911. Manual of poisoned plants. The Torch Press. Cedar Rapids, Iowa. 180 p.

Pascal O., 2002. Plantes et forêts de Mayotte. *Patrimoines Naturels* n°53. SPN, IEGB, MNHN. Paris.108 p.

Pascal O., Labat, J.-N., Pignal, M., et Soumille, O., 2001. Diversité, affinités phytogéographiques et origines présumées de la flore de Mayotte (Archipel des Comores). *Dans* : Jardin botanique national de Belgique (ed.) *Systematic and Geography of Plants. Vol. 71, No. 2. Plant Systematics and Phytogeography for the Understanding of African Biodiversity*. Meise. Pp. 1101-1123.

Pelt J.-M., 1983. Drogues et plantes magiques. Fayard, Paris. 336 p.

Portères R., 1961. L'ethnobotanique : place-objet-méthode-philosophie. *Journal d'agriculture tropicale et de botanique appliquée*, 8(4-5): 102-109.

Rhalem N., A. Khattabi, Soulaymani A., Lahcen O. & Soulaymani-Bencheich R., 2009. Etude rétrospective des intoxications par les plantes au Maroc : Expérience du

Centre AntiPoison et de Pharmacovigilance du Maroc (1980-2008). *Toxicologie Maroc* n°5 – 2ème trimestre. Pp. : 5-8.

Sarrazin A., 2000. Contribution à l'histoire des poisons et des contre-poisons des origines à nos jours. Thèse de doctorat en Pharmacie, Université de Toulouse III Paul Sabatier, 174 p.

Sauvignet, S., 2007. Méningite à éosinophiles et angiostrongylose aux Comores, une réalité à ne pas sous-estimer. A propos de six nouveaux cas. *Bull. Soc. Pathol. Exot.*, 100(2) : 155-156.

Sissoko, D., Receveur, M.C., Medinger, G., Coulaud, X. et Polycarpe, D., 2002. Mayotte : Situation sanitaire à l'ère de la départementalisation. *Med. Trop.*, 63: 553-558.

Stafford G., 1993. Psychedelics Encyclopedia, 3rd Revised edition. Ronin Publishing, Berkeley. 420 p.

Stephen-Chauvet Dr., 1937. A propos des poisons utilisés par les primitifs pour les flèches et javelots. *Bulletin de la Société préhistorique française*, 34(11): 496-501.

Toulet, C., 1998. Recensement de la population du 5 août 1997. INSEE Première n°608.

UICN, 2012. Diagnostic biodiversité à Mayotte. Version provisoire, novembre 2012. 84 p.

Viala A. et Botta, A. (Coord.), 2005. Toxicologie, 2è édition. Editions Tec & Doc, Paris. 1094 p.

Vidal, J.M., 1986. Réalités thérapeutiques mahoraises. Mémoire de maîtrise d'ethnologie, Université de la Réunion.

Villa, A., A. Cochet, et G. Guyodo, 2008. Les intoxications signalées aux centres antipoison français en 2006. *La revue du praticien*, 58: 825-831.
Vitte G., 1969. L'empoisonnement : un art qui se perd. *Bulletin de l'Ordre des Pharmaciens*, 124: 721-737.

Winter, G., S. Voinier, 2011. Poison et antidote dans l'Europe des XVI et XVIIe siècles. Artois Presses Université. 234 p.

Annexe 1 : Les différentes voies d'exposition à une toxine

On distingue trois types d'exposition :
- Absorption par la peau appelée aussi exposition par contact ;
- Absorption via les voies aériennes (inhalation) ;
- Absorption via le système digestif (ingestion).

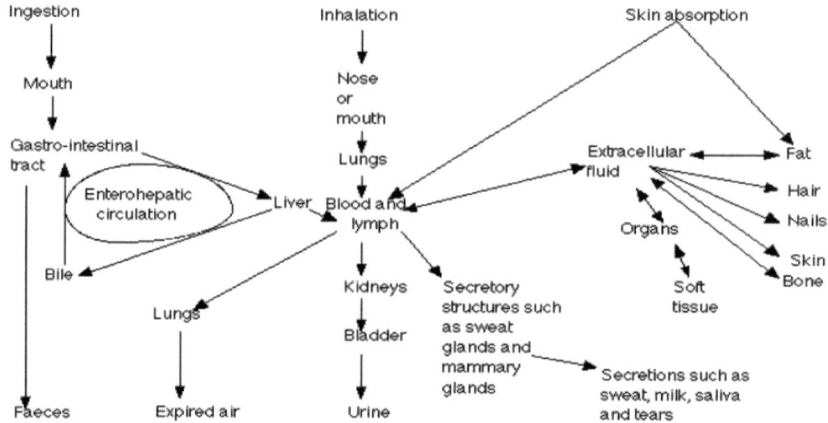

Routes of absorption, distribution and excretion of potentially toxic substances (International Labour Organization, 2004)

On pourrait ajouter l'injection avec un dard, des chélicères ou des crochets pour les venins d'arthropodes ou de reptiles, mais également avec l'aide d'une seringue hypodermique dans le cadre des toxicomanies. Dans ces cas, la toxine est véhiculée par la circulation sanguine et lymphatique.

Annexe 2 : Grandes familles de principes actifs toxiques

- Acide oxalique

- Alcaloïdes
    - Alcaloïdes hétérocycliques
    - Alcaloïdes non hétérocycliques

- Alcools éthyléniques et acétyléniques

- Hétérosides
    - Hétérosides cyanogénétiques
    - Hétérosides cardiotoniques
    - Hétérosides stéroïdiques
    - Hétérosides anthracéniques
    - Hétérosides saponosides
    - Hétérosides sulfurés

- Lactones

- Œstrogènes

- Oléorésines

- Protides
    - Protéines
    - Polypeptides
    - Acides aminés

- Tanins
    - Tanins hydrolysables ou pyrogalliques
    - Tanins non hydrolysables ou catéchiques

- Facteurs antivitaminiques

- Substances photosensibilisantes

Annexe 3 : Liste des herbiers collectés (Collection Delnatte C. et al.)

N°	Famille	Genre	Espèce	Auteur	Duplicat
2900	SOLANACEAE	Solanum	richardii	Dunal	BM - LIP - MAO - MO - NY - P
2901	SOLANACEAE	Solanum	torvum	Sw.	LIP - MAO - P
2902	STERCULIACEAE	Sterculia	foetida	L.	AIX
2903	FABACEAE	Entada	rheedei	Spreng.	AIX
2904	FABACEAE	Abrus	precatorius	L.	LIP - MAO - MO - P
2905	MALVACEAE	Thespesia	populnea	(L.) Correa	AIX
2906	COMBRETACEAE	Terminalia	catappa	L.	AIX
2907	VITACEAE	Cissus	quadrangularis	L.	MAO - MO - P
2908	OCHROPHYTA				AIX
2909	APOCYNACEAE	Allamanda	cathartica	L.	LIP - MAO - P
2910	CAMPANULACEAE	Hippobroma	longiflora	(L.) G.Don	LIP - MAO - P
2911	ARACEAE	Amorphophallus	paeoniifolius	(Dennst.) Nicolson	LIP - MAO - P
2912	BALSAMINACEAE	Impatiens	auricoma	Baill.	MAO - P
2913	RUBIACEAE	Peponidium	cystiporon	(Bynum ex Cavaco) Razafim., Lantz & B.Bremer	MAO - MO - P
2914	EUPHORBIACEAE	Drypetes	darcyana	McPhers.	MAO - MO - P
2915	RHIZOPHORACEAE	Cassipourea			MAO - P
2916	SELAGINELLACEAE	Selaginella			MAO - P
2917	THELYPTERIDACEAE				MAO
2918	ACANTHACEAE	Hypoestes	comorensis	Baker	MAO - P
2919	SOLANACEAE	Solanum	seaforthianum	Andrews	BM - LIP - MAO - NY
2920	RUBIACEAE				MAO
2921	DRYOPTERIDACEAE	Tectaria			MAO
2922	SOLANACEAE	Capsicum	frutescens	L.	LIP - MAO - NY - P
2923	ADIANTACEAE	Adiantum			MAO
2924	PTERIDACEAE	Pteris			MAO
2926	RHAMNACEAE	Ziziphus	spina-christi	Willd.	LIP - MAO - P
2927	OXALIDACEAE	Oxalis	corniculata	L.	LIP - MAO - P
2928	FABACEAE	Crotalaria	retusa	L.	LIP - MAO

N°	Famille	Genre	Espèce	Auteur	Duplicat
2929	VERBENACEAE	Lantana	camara	L.	LIP - MAO - P
2930	SOLANACEAE	Solanum	nigrum	L.	BM - LIP - MAO - NY
2931	POACEAE	Bambusa	vulgaris	Nees	LIP - MAO
2932	EUPHORBIACEAE	Jatropha	curcas	L.	LIP - MAO - MO - P
2933	EUPHORBIACEAE	Manihot	esculenta	Crantz	LIP - MAO
2934	OXALIDACEAE	Averrhoa	carambola	L.	LIP - MAO - P
2935	BIGNONIACEAE	Crescentia	cujete	L.	LIP - MAO - P
2936	MALVACEAE	Sida	rhombifolia	L.	LIP - MAO - P
2937	SOLANACEAE	Solanum	mauritianum	Scop.	BM - LIP - MAO - NY
2938	CUCURBITACEAE	Momordica	charantia	L.	LIP - MAO - NY - P
2925	ORCHIDACEAE	Disperis	hildebrandtii	Rchb.f.	MAO
2948	CYCADACEAE	Cycas	thouarsii	R.Br.	LIP - MAO
2944	ARACEAE	Dieffenbacchia	picta	Schott	LIP - MAO - P
2940	ANNONACEAE	Annona	squamosa	L.	LIP - MAO - P
2941	VERBENACEAE	Duranta	erecta	L.	LIP - MAO - P
2943	EUPHORBIACEAE	Tragia	furialis	Bojer	LIP - MAO - P
2942	APOCYNACEAE	Nerium	oleander	L.	LIP - MAO - P
2951	ANACARDIACEAE	Mangifera	indica	L.	LIP - MAO - P
2952	ASCLEPIADACEAE	Leptadenia	madagascariensis	Decne.	LIP - MAO - MO - P
2953	ARECACEAE	Cayota	mitis	Lour.	LIP - MAO
2954	FABACEAE	Delonix	regia	(Bojer) Raf.	LIP - MAO - P
2955	EUPHORBIACEAE	Codiaeum	variegatum	(L.) A.Juss.	LIP - MAO - P
2949	FABACEAE	Vigna	sp.		MAO
2950	FABACEAE	Leucaena	leucocephala	(Lam.) de Wit	LIP - MAO - P
2899	FABACEAE	Pterocarpus	indicus	Willd.	AIX
2956	FABACEAE	Mucuna	pruriens	(L.) DC. var. pruriens	LIP - MAO
2957	MYRTACEAE	Syzygium	jambos	(L.) Alston	LIP - MAO - MO - P
2958	EUPHORBIACEAE	Ricinus	communis	L.	LIP - MAO - P
2961	DIOSCOREACEAE	Dioscorea	sp		LIP - MAO - P
2959	DIOSCOREACEAE	Dioscorea	sansibarensis	Pax	LIP - MAO - P
2960	SAPINDACEAE	Paullinia	pinnata	L.	LIP - MAO - P
2962	VIOLACEAE	Rinorea	spinosa	Baill.	MAO - MO - P
2963	ERYTHROXYLACEAE	Erythroxylum	lanceum	Bojer	LIP - MAO - P
2964	ERYTHROXYLACEAE	Erythroxylum	platycladum	Bojer	LIP - MAO - MO - P

N°	Famille	Genre	Espèce	Auteur	Duplicat
2965	ORCHIDACEAE				MAO
2966	CLUSIACEAE	*Calophyllum*	*inophyllum*	L.	LIP - MAO - P
2967	ARACEAE	*Caladium*	*bicolor*	(Aiton) Vent.	LIP - MAO
2968	MALVACEAE	*Heritiera*	*littoralis*	Aiton	LIP - MAO - P
2969	PASSIFLORACEAE	*Passiflora*	*suberosa*	L.	LIP - MAO
2939	FABACEAE	*Caesalpinia*	*pulcherrima*	(L.) Sw.	LIP - MAO - P
2945	ARACEAE	*Typhonodorum*	*lindleyanum*	Schott	LIP - MAO
2946	FABACEAE	*Albizia*	*lebbek*	Benth.	LIP - MAO - P
2947	APOCYNACEAE	*Thevetia*	*peruviana*	K.Schum.	LIP - MAO - P
2970	VITACEAE	*Cyphostemma*	*glandulosopilosum*	Desc.	LIP - MAO
2972	SAPINDACEAE	*Allophylus*	*bicruris*	Radlk.	LIP - MAO
2971	CUCURBITACEAE	*Cucumis*	cf. *prophetarum*	L.	LIP - MAO
2973	FABACEAE	*Tephrosia*	*noctiflora*	Bojer ex Hook.	LIP - MAO - P - US
2974	VITACEAE	*Ampelocissus*	cf. *elephantina*	Planch.	LIP - MAO
2975	LAURACEAE	*Cinnamomum*	*zeylanicum*	Blume	AIX

Annexe 4 : Les centres antipoison et toxicovigilance

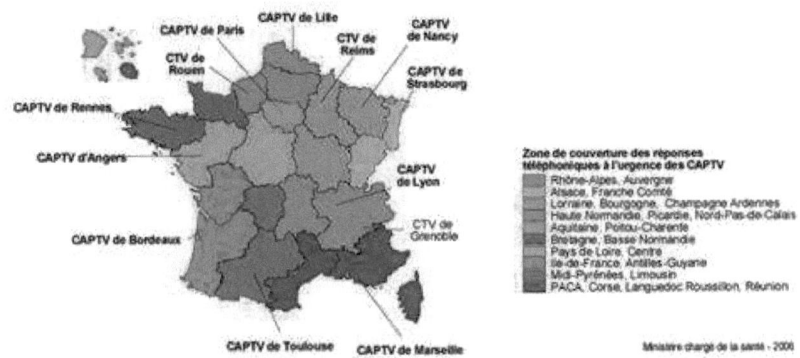

CAPTV d'Angers : 02 41 48 21 21

CAPTV de Bordeaux : 05 56 96 40 80

CAPTV de Lille : 0800 59 59 59

CAPTV de Lyon : 04 72 11 69 11

CAPTV de Nancy : 03 83 32 36 36

CAPTV de Marseille (Mayotte, Réunion) : 04 91 75 25 25

CAPTV de Paris (Antilles, Guyane) : 01 40 05 48 48

CAPTV de Rennes : 02 99 59 22 22

CAPTV de Strasbourg : 03 88 37 37 37

CAPTV de Toulouse : 05 61 77 74 47

CTV de Grenoble : 04 76 76 56 46

CTV de Reims : 03 26 06 07 08

CTV de Rouen : 02 35 88 44 00

Centre National d'Informations Toxicologiques Vétérinaires : 04 78 87 10 40

Annexe 5 : Liste des espèces toxiques recensées

Famille	Genre	Espèce	Auteur	Nom vern - Shimaoré	Nom vern - Shibushi
Anacardiaceae	Anacardium	occidentale	L.	Mumanga	Vudi ni manga
Anacardiaceae	Mangifera	indica	L.	Mukonokono	Konokono tendri
Annonaceae	Annona	squamosa	L.		Flora mada tamotamo
Apocynaceae	Allamanda	cathartica	L.		
Apocynaceae	Catharanthus	roseus	(L.) G.Don	Fumo arabu	Fumo arabu
Apocynaceae	Nerium	oleander	L.		
Apocynaceae	Plumeria	alba	L.		
Apocynaceae	Plumeria	rubra	L.		Angaya be
Apocynaceae	Thevetia	peruviana	K.Schum.		
Araceae	Amorphophallus	paeoniifolius	(Dennst.) Nicolson	Triko	Marko
Araceae	Caladium	bicolor	(Aiton) Vent.	Bonga	Panda panda mena
Araceae	Colocasia	esculenta	(L.) Scott	Brède songe	Feliki majimbi
Araceae	Typhonodorum	lindleyanum	Schott	Bunga	
Arecaceae	Caryota	mitis	Lour.		
Asclepiadaceae	Asclepia	curassavica	L.		Pamba mouschi
Asclepiadaceae	Leptadenia	madagascariensis	Decne.		Pamba suisui
Bignoniaceae	Crescentia	cujete	L.		Kudju
Campanulaceae	Hippobroma	longiflora	(L.) D.Don	Mukujukuju	Ahoudifadi
Clusiaceae	Calophyllum	inophyllum	L.	Mutondro, Takamaka	Mutondro dzia
Commelinaceae	Rhoeo	discolor	(L'Hér.) Hance		
Cucurbitaceae	Momordica	charantia	L.	Margoz	Margoza, Antsaska tarondro Antsampu
Cycadaceae	Cycas	thouarsii	R.Br.	Mutsapu	Bahi bahi, Sari chiazi, Sari ovi
Dioscoreaceae	Dioscorea	sansibarensis	Pax		Loangatimena vavi
Erythroxylaceae	Erythroxylum	lanceum	Bojer	Sari tombo antani	

Famille	Genre	Espèce	Auteur	Nom vern - Shimaoré	Nom vern - Shibushi
Erythroxylaceae	Erythroxylum	platycladum	Bojer	Muhonka wa malavuni	Tapiaka, Sari honkou keli
Euphorbiaceae	Anthostema	madagascariense	Baill.		
Euphorbiaceae	Codiaeum	variegatum	(L.) A.Juss.	Fula tandriko	
Euphorbiaceae	Euphorbia	milii	Des Moul.		
Euphorbiaceae	Euphorbia	physoclada	Boiss.		
Euphorbiaceae	Jatropha	curcas	L.	Musumu, Muri maji	Vala velung'u
Euphorbiaceae	Ricinus	communis	L.	Muri wa katoto	Kinana
Euphorbiaceae	Manihot	esculenta	Crantz	Muhogo	Muhogo
Euphorbiaceae	Tragia	furialis	Bojer	Shileni	Ampisi
Fabaceae	Abrus	precatorius L. subsp. Africanus Verdc.		Mutsakuhu	Biliimbitsi, Masu na umbi gara
Fabaceae	Albizia	lebbeck	Benth.	Mubonowari	Bunara
Fabaceae	Caesalpinia	pulcherrima	(L.) Sw.		Tsara vulu keli
Fabaceae	Crotalaria	retusa	L.	Utsakuhu be, Mutsakuhu	Ampa munu masuna koho be
Fabaceae	Delonix	regia	(Bojer ex Hook.) Raf.		Tsara vulu be, Tsara volo
Fabaceae	Leucaena	leucocephala	(Lam.) de Wit	Batrini	Batrini
Fabaceae	Mucuna	pruriens var. pruriens		Chitsangu	Antakilutru
Fabaceae	Tephrosia	vogelii	Hook. f.	Uruva	Hamo, Fanghamo
Lauraceae	Persea	americana	Mill.		
Malvaceae	Heritiera	littoralis	Aiton	Mukumafi	Murumuni
Malvaceae	Sida	rhombifolia	L.	Chifoungan N'dzia	Sandra ouri
Meliaceae	Melia	azedarach	L.		
Myristicaceae	Myristica	fragrans	Houtt.		
Myrtaceae	Syzygium	jambos	(L.) Alston	Mupwera marashi	Mupwera marashi
Orchidaceae	Vanilla	humblotii	Rchb.f.		
Oxalidaceae	Averrhoa	bilimbi	L.	Wajou, Wajou oua shizoungou	Madiro, Madiro kivaza
Oxalidaceae	Averrhoa	carambola	L.	Uhaju mukanga	Madiro riranaa
Oxalidaceae	Oxalis	corniculata	L.	Dzoma dzile, Wajou wamotsi	Madiro antani

Famille	Genre	Espèce	Auteur	Nom vern - Shimaoré	Nom vern - Shibushi
Passifloraceae	Passiflora	suberosa	L.	Niungo	Nyongo, Nioungou
Poaceae	Bambusa	vulgaris	Schrad ex Wendl.	Mubambu	Valika
Poaceae	Dendrocalamus	giganteus	Munro	Muhambu wa mwana kuri	Valiha mwana kori
Rutaceae	Citrus	aurantifolia	(Christm.) Swingle	Mani ya mzoundra	
Sapindaceae	Allophylus	bicruris	Radlk.	Chiratra	Telo ravini
Sapindaceae	Paullinia	pinnata	L.	Muhotso muhotso	Vahi maringa
Solanaceae	Capsicum	annuum	L.	Beberu	Vilivili
Solanaceae	Capsicum	frutescens	L.	Putu	Pili pili
Solanaceae	Datura	innoxia	Mill.		
Solanaceae	Solanum	mauritianum	Scop.	Sari bitsi	Sari lubaka
Solanaceae	Solanum	nigrum	L.	Bwa niungo, Bwamunovi	Ang'adsindra
Solanaceae	Solanum	richardii	Dunal	Muri guja bole	Sari angivi be
Solanaceae	Solanum	seaforthianum	Andrews		Rotzo rotzo
Solanaceae	Solanum	torvum	Sw.	Muri guja	Sari angivi keli
Urticaceae	Urera	acuminata	(Poir.) Decne.	Cherangumba	
Verbenaceae	Duranta	erecta	L.		Robirobi
Verbenaceae	Lantana	camara	L.	Mubwasera, Murimba, Miba ya marta	Wavu kalaga
Verbenaceae	Lantana	trifolia	L.		
Vitaceae	Cyphostemma	glandulosopilosum	Desc.		Fanganga keli voulouvoulou
FUNGUS					
Amanitaceae	Amanita	sp. (groupe phalloides)			
Bolbitiaceae	Panaeolus	aff. cyanescens	(Berk. & Broome) Sacc.		
Schizophyllaceae	Schizophyllum	commune	Fr.		
Sclerodermataceae	Scleroderma	aff. bovista	Fr.		
Sclerodermataceae	Scleroderma	sp2			
Trichocomaceae	Penicillopsis	clavariiformis	Solms		

i want morebooks!

Buy your books fast and straightforward online - at one of the world's fastest growing online book stores! Environmentally sound due to Print-on-Demand technologies.

Buy your books online at

www.get-morebooks.com

Achetez vos livres en ligne, vite et bien, sur l'une des librairies en ligne les plus performantes au monde!
En protégeant nos ressources et notre environnement grâce à l'impression à la demande.

La librairie en ligne pour acheter plus vite

www.morebooks.fr

OmniScriptum Marketing DEU GmbH
Heinrich-Böcking-Str. 6-8
D - 66121 Saarbrücken
Telefax: +49 681 93 81 567-9

info@omniscriptum.de
www.omniscriptum.de

Printed by Books on Demand GmbH, Norderstedt / Germany